勝敗の構造

第二次大戦を決した
用兵思想の激突

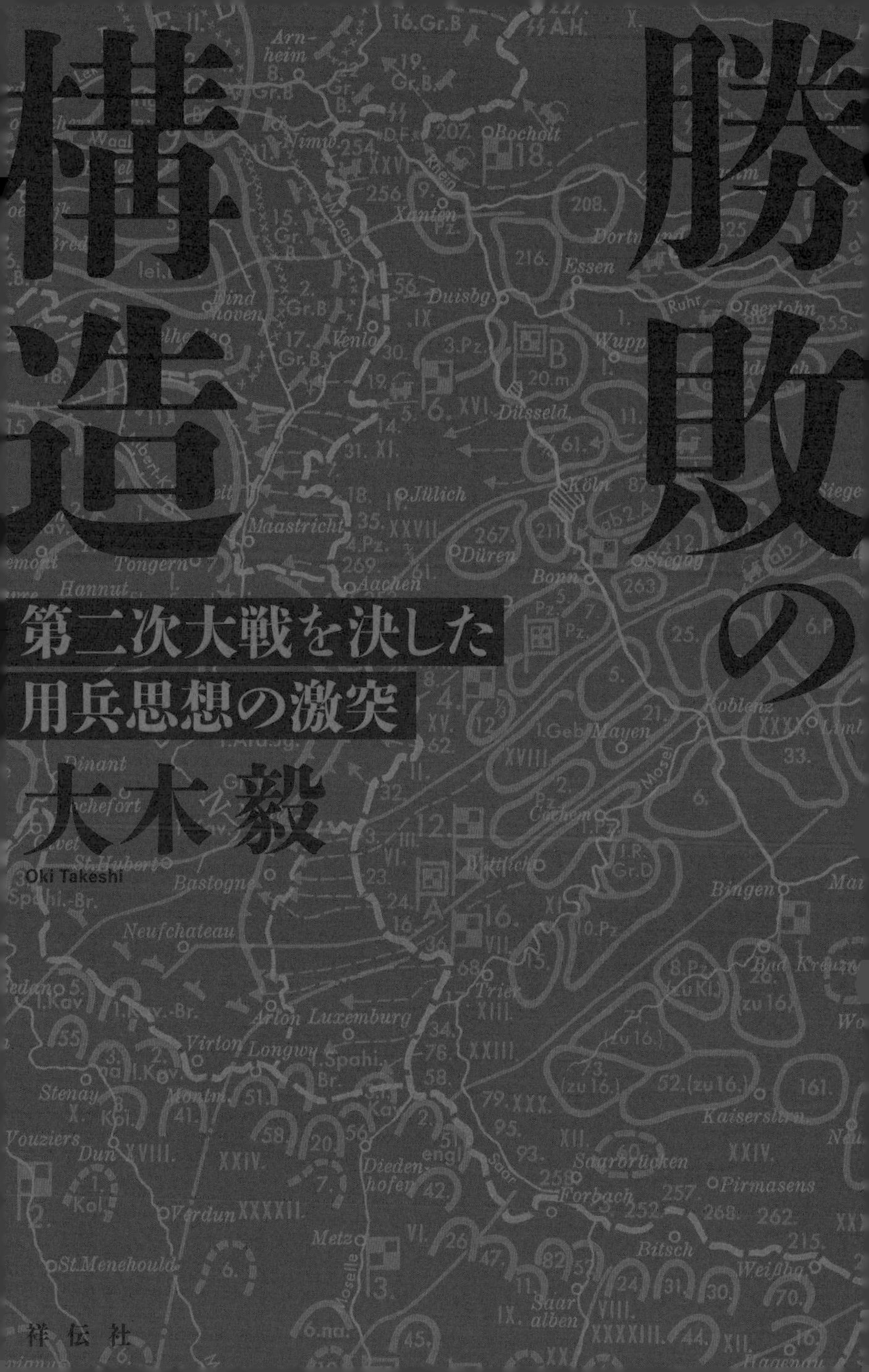

大木毅
Oki Takeshi

祥伝社

勝敗の構造

——第二次大戦を決した用兵思想の激突

目次

はじめに

第二次世界大戦の主要な戦闘については、すでに多くの研究やノンフィクションがあり、今さら再論する必要もないかに思われる。しかしながら、日本におけるそれらのイメージ、とりわけヨーロッパ戦線のものについては、翻訳文化の衰退、長く続いた軍事軽視の社会的風潮など、さまざまな理由から知識や解釈の更新がなされず、その結果、時代遅れの像がいまだにまかり通っていることが少なくない。また、知識や研究史の継承が必ずしもうまく機能していないためか、昭和のころに結着がついた議論が、あたかも新しい指摘や主張であるかのごとく蒸《む》し返《かえ》されることもある。

こうした現状に鑑《かんが》み、本書では、第二次世界大戦の諸戦闘について、ここ半世紀ほどの研究成果を参照しつつ、どのような解釈がなされてきたか、今日何が定説とみなされているのか、いまだ不明なポイントはあるのか、あるとしたら何が議論の対象とされているのかといった諸点に注目しつつ、検討していくこととした。

かかる問題設定が明示的に反映されるような戦例《せんれい》を選んでいった結果、今日やや議論が混乱しているかと思われる真珠湾攻撃を扱った章以外は、すべてヨーロッパ方面の戦闘がテーマとなったが、これは日本における第二次世界大戦史理解の現状がはしなくも反映されたものではないかと思っている。

また、具体的な分析にあたっては、欧米の戦史・軍事史研究ではごく普通となっている視点、つまり戦争に勝つために国家のリソースを動員・配分、戦力化して、戦争目的を果たすためにその投入方面を定めていく「戦略」、戦略にしたがい、特定の時間・空間のなかで目標を達成するわざである「作戦」、作戦遂行中に生起する戦闘に勝つための方策である「戦術」の三階層、いわゆる「戦争の諸階層《レヴェルズ・オヴ・ウォー》」と呼ばれる概念による観察に努めた。そのような手法によって、何が勝敗を決したファクターであったか、指揮と組織の優越とは何かといった問題も、おのずから解析されるであろう。

もっとも、右のような枠組みを取るからといって、小難しい論文でも読まされるのかと身構える必要はない。論述の土台に分析を置くことはその通りであるが、その一方で筆者は、およそ八十年ほど前の智恵と愚行、勇気と怯懦《きょうだ》の物語を読者に提示すべく、努力するつもりである。言い換えれば、第二次世界大戦という人類史上空前（幸いにして、今のところは絶後にとどまっている）の野蛮が刻んだドラマを伝えることも、本書の目的であると考えていただいてさしつかえない。

これらの企図《きと》が成功したか否かは、本書を閉じた読者のご判断にゆだねる。

凡例

一、引用にあたっては、旧字旧かな・カタカナを新字新かなに直し、適宜句読点とルビを補った。
二、欧文からの引用は、邦訳がある場合でも、用語の統一などのため、修正を加えるか、拙訳を使用している。
三、〔 〕内は大木の補註。
四、固有名詞のカナ表記は原音によることを原則とするが、日本語で定着していると思われるものは慣用にしたがう。たとえば、München は、厳密に原音主義を適用するならば「ミュンヒェン」になろうが、日本語として定着している「ミュンヘン」を用いた。
五、職名・階級等は、記述対象時点のものを付す。
六、軍事用語で、「隷下《れいか》」は建制《けんせい》で指揮系統の上下関係に組み込まれていること、「麾下《きか》」は一時的に従属下にあることを意味する。
七、同じく軍事用語で、「編制《へんせい》」は軍の永続的な組織をいい、「編成」は、ある目的のために所定の編制を取らせること、あるいは、臨時に部隊を編合組成することを指す。
八、ドイツ軍やソ連軍には、元帥と大将のあいだに「上級大将」という階級がある。
九、ドイツ軍やロシア軍では伝統的に、大将の階級に所属兵科を付して呼称する。たとえば、「砲兵大将」。
一〇、本書でも、六〜九に示した概念や呼称を使用している。

第一章

ドクトリンなき「電撃戦」

——ドイツの西方侵攻（一九四〇年五月—六月）

「電撃戦」ドクトリンという伝説

第二次世界大戦前半で、ドイツがヨーロッパのほぼ全域を制圧する際に示した戦いぶりは、「電撃戦《ブリッツクリーク》」として喧伝《けんでん》され、今日なお人口《じんこう》に膾炙《かいしゃ》している。戦車を中心に、歩兵や砲兵、工兵など他の兵科までも機械化された装甲師団が、集中された航空機の支援のもと、敵陣を突破、迅速に相手を潰滅《かいめつ》に追い込む戦法というのが、一般に理解されているところであろう。「電撃戦」の原語はBlitzkrieg、英訳すればlightning warで、文字通り、稲妻が大木《たいぼく》を打ち倒すイメージといってよい。

しかし、意外に思われるかもしれないが、いくらドイツ国防軍の文書を調べても、「電撃戦」なる単語にお目にかかることはない。筆者も、未刊行の文書館史料や私文書を含め、相当数の国防軍文書を閲覧したつもりだが、blitzartig（電光石火の）やblitzschnell（電撃的な）といった形容詞はともかく、軍事用語、あるいは軍事概念としてのBlitzkriegに出くわしたことがないのである。

一九四〇年のドイツの西方作戦、オランダ、ベルギー、フランスへの侵攻について、今日なおスタンダードとなっている研究書（初刊一九九五年）を上梓《じょうし》したドイツの軍人研究者《ソルジャー・スカラー》カール＝ハインツ・フリーザー(1)は、そのなかで「電撃戦」という単語の起源を調べ、ドイツの軍事雑誌に掲載された論文に使用例が二件あったとしている（一九三五年の『ドイツの国防』ならびに一九三八年の『軍事週報』(2)）。だが、「第二次世界大戦中、『電撃戦』の言葉は、ドイツ国防軍の公式の軍事用語としては、まったく使われていないも同然であった」というのが、彼の結論である。

つまり、「電撃戦」という概念は、ドイツ国防軍のドクトリン（軍隊がいかに戦うかを定め、指示した教義）には存在しなかった。にもかかわらず、一九三九年から四一年にかけてのドイツの快進撃によって、それを形容するのにうってつけだとして、マスコミやプロパガンダ当局が、忘れられそうになっていたこの言葉を多用したため、あっという間に世界中に広がったということらしい。ナチス・ドイツの総統アドルフ・ヒトラーは、対ソ戦短期勝利の見込みがなくなってきた一九四一年十一月八日に、「私はいまだかつて〝電撃戦〟などと言ったことはない。まったく愚にもつかない言葉だ」と発言しているが、この間の事情をよく物語っているといえよう（カール＝ハインツ・フリーザー『電撃戦という幻』上巻）。

だが、そうだとすれば、「電撃戦」と称されてきた諸戦役で、ドイツが実際に用いた作戦・戦術とは何であったのか。

実は、この問いかけに対する答えは、フリーザーの著書とその後の研究によって、すでに提示されている。筆者も、別の機会に何度か論じたことがあるのだが、通俗書などで「電撃戦」ドクトリンなるものが存在したかのごとき記述がいまだにまかり通っているのが、日本の現状であるといわざるを得ない。それゆえ、本章では、一九四〇年の西方作戦を事例として、それは謬見《びゅうけん》でしかないことを、あらためて確認していくことにする。

「軍隊指揮《トルッペンフュールング》」

第一次世界大戦の緒戦における機動戦で結着をつけることができぬまま、ドイツ軍と連合軍は西部戦線において、史上空前の陣地戦に突入した。英仏海峡沿岸から中立国スイスの国境に至る長大な戦線に、幾重《いくえ》にも塹壕《ざんごう》を掘り、有刺鉄線《ゆうしてっせん》をはりめぐらせて、野戦築城をほどこしたのである。そのような堅固《けんご》な陣地に対しては、ときに数週間におよんだ砲撃も効果がなく、突撃した歩兵は銃火のえじきとなって、甚大《じんだい》な損害をこうむった。

こうした窮状《きゅうじょう》ゆえに、各国陸軍は作戦・戦術のイノヴェーションを余儀なくされたわけだが、ドイツ軍が編み出したのは、連合軍側が「浸透《しんとう》戦術」と呼び、旧日本陸軍が「蚕食《さんしょく》戦術」と訳した戦法であった。これは、物量の投入によって、敵陣、もしくは敵部隊を物理的に撃破するのではなく、マヒさせ、戦力として機能しない状態に追い込むことを狙うものだった。

まず、砲兵は、それまでの長時間にわたる準備砲撃をやめ、攻撃開始直前に、敵の通信所や交通の要衝《ようしょう》などを集中的に叩く戦術を採《と》った。しかるのちに、手榴弾《しゅりゅうだん》や機関銃、火焔《かえん》放射器で武装した「突進部隊《シュトーストルッペン》」が、敵陣に突入する。その際、突破に成功した「突進部隊」は、敵部隊を攻撃するのではなく、間隙《かんげき》部や弱体な地点を衝《つ》き、ひたすら相手の後方に進んで、指揮統制や兵站《へいたん》の上で重要な地点を押さえていくのだ。「突進部隊」により連絡線を遮断された敵は、物理的には存在していても、適切な指揮や補給が受けられず、有機的な戦いを実行できない烏《う》合《ごう》の衆と化してしまう。こうして弱体化した敵を、後続の通常部隊が掃討するのである。

かかる作戦・戦術上の理念は、第一次世界大戦に敗れ、ヴェルサイユ条約で軍備を制限されたドイツ陸軍にも継承され、さらなる発展をみた。新ドイツ軍の首脳陣は、第一次世界大戦で登場した新兵器、航空機や戦車を活用し、より大規模なかたちで「突進部隊」戦術を実行することを企図《きと》した。つまり、のちに実現した、装甲部隊《パンツァートルッペン》の突進によって敵部隊を無力化し、通常の歩兵部隊でこれを掃討していくとの構想が芽生えていたのだ。

一九二一年、部隊局《トルッペンアムト》(3)T四部（教育訓練部）は、第一次世界大戦後のドクトリンを示す最初の作戦・戦術教範「軍務教範計画第四八七号　諸兵科協同による指揮および戦闘」を公布した。ついで一九二三年には、後編にあたる「陸軍軍務教範第四八七号　諸兵科協同による指揮および戦闘」が発行される（傍点強調は筆者による）。後者の陸軍軍務教範第四八七号には、共和国時代のドイツ軍が戦車の保有を禁じられていたにもかかわらず、その運用や戦術が記されていたのだ。

それから十年後、一九三三年には、この教範が加筆修正され、「陸軍軍務教範第三〇〇号　軍隊指揮」として公布された。翌一九三四年には、第二編も刊行されている。これらの教範に示されたドクトリンには、将校の能力を高度なレベルで平準化した上で、自由な判断と行動を許す、プロイセン・ドイツ軍伝統の指揮のあり方が概念化されていた。戦後、「委任戦術《アウフトラークスタクティーク》」

と称されることになる戦法だ(4)。かくのごとく先進的なドクトリンを示したこの教範、通称「軍隊指揮《トルッペンフュールング》」は、旧日本陸軍でも訳出したし(5)、今日でも各国の軍隊によって研究されている。

また、オスヴァルト・ルッツ、エルンスト・フォルクハイム、アルフレート・フォン・フォラート゠ボッケルベルク、ハインツ・グデーリアンら、自動車部隊の将校たちは、そうした教範に示された用兵思想にもとづき、軍の機械化、そして、戦車を中心とし、それに協同する諸兵科の部隊を編合した装甲部隊の創設へと突き進んでいく(6)。彼らの努力が結実し、第二次世界大戦開戦までにドイツ装甲部隊の編成や運用理論の確立がなされたことはいうまでもあるまい。第二次世界大戦で四年余の歳月をついやして、とうとう打倒できなかった大国フランスを一九四〇年に降《くだ》すための準備は、両大戦間期にすでにととのえられていたのである。

「マジノ線心理」とフランス軍の用兵思想

一九三九年九月一日、ドイツはポーランド侵攻を開始した。フランスとイギリスは、ポーランドと結んでいた相互援助条約にもとづき、ドイツに宣戦布告する。ところが、戦争に突入したにもかかわらず、フランス軍の動きは緩慢《かんまん》だった。独仏国境地帯で実施された攻勢も、お義理程度の規模にすぎなかったのだ。ザール方面を攻撃したフランス軍は八キロばかり前進したものの、ドイツが西部国境に構築した要塞帯「ジークフリート線」を突破するには、よりいっそうの砲兵や空軍の支援が必要だという理由で、作戦を中止してしまったのである。実際には、ジークフリート線の防備は完全ではなかったから、フランス軍が攻勢を継続していれば、ポーランドに主力を投入したために、わずかな兵力しか有していなかった西部戦線のドイツ軍は崩壊していたかもしれない。

いずれにせよ、フランス軍は自らの要塞帯である「マジノ線」に閉じこもり、現状維持に努めた。フランス側のいう「奇妙な戦争《ドロール・ド・ゲール》」であった。独仏国境沿いに敵と対峙《たいじ》しながらも、さしたる戦闘を行なおうとはしなかったのだ。こうした消極退嬰《しょうきょくたいえい》におちいった重要な要因の一つとして、当時のフランスが直面していた戦略環境と、そこから生じた用兵思想上の錯誤《さくご》が挙げられるだろう。

まず指摘できるのは、第一次世界大戦で国土が戦場になり、百四十万以上といわれる戦死者を出したフランスにおいては、必然的に犠牲を覚悟しなければならない攻勢を忌避《きひ》し、防御を重視する空気が蔓延《まんえん》していたことだ。その結果、一九二〇年代の国防政策は、機動防御、もしくは攻勢を実行し、侵略軍を野戦で撃滅するのではなく、強靱《きょうじん》な陣地・要塞を構築、それによって攻撃してくる敵を消耗させるべきだという方向に傾いた。そうした傾向を背景に、永久要塞を含む陣地帯をドイツとの国境地帯に建設し、兵士ではなく、物質、とりわけ火力を用いて敵を撃つとの策を主張したのが、アンリ・フィリップ・ペタン元帥であった。第一次世界大戦のヴェルダン要塞攻防戦で、ドイツ軍の猛攻に耐えぬき、これを撃退した英雄であるペタンの議論は、大きな説得力を持っていたのだ。

一九二九年、当時の陸軍大臣アンドレ・マジノの名を冠した国境要塞帯建設のための予算支出が、フランス議会で可決された。先に触れたマジノ線である。ドイツが装甲部隊の創設と集中運用を模索したのとは対照的に、フランスは要塞に拠《よ》っての静的《スタティック》な防御を選んだのであった。

さらに、マジノ線の構築は、フランス軍に無形の悪影響をおよぼすことになった。当初、フランス軍は、要塞という物的手段で兵力を節約（鋼鉄とコンクリートで固められ、強大な火力を有する要塞は、比較的少数の部隊で守備できる）、それによって捻出された野戦兵力を以《もっ》て反攻に出ることを考えていた。ところが、要塞という安全地帯ができあがるにつれ、その背後に隠れて、安全に戦争を遂行するとの虫のいい構想が頭をもたげてきたのである。

ドクトリンもまた、そうした「マジノ線心理」と呼ばれる空気に支配されていった。一九三六年に公布された「大単位部隊戦術的用法教令」もその例外ではない。この教範は、ドイツ軍の「軍隊指揮」に相当するものでありながら、めざすところは正反対であった。端的にいえば、「軍隊指揮」は、戦争とは何が起こるかわからない混沌《こんとん》であり、それに対応するのは、臨機応変の策をほどこせる優れた知性のみであるとの、クラウゼヴィッツ的前提に立っている。一方、「大単位部隊戦術的用法教令」は、戦争といえども理性で統御できる事象なのであり、その要諦《ようてい》は物質的・精神的リソースの計画的使用にあるとの理解が基本にある。結果として、後者は、まさに戦機が目前にあろうとも、所与の計画を維持せよとさえ読める記述を含むことになった

（参謀本部訳編『一九三六年発布仏軍大単位部隊戦術的用法教令』）。

こうした流れのなか、フランス軍は、機動戦、もしくは機甲戦についていけない軍隊となっていく。機械化が不充分というのみならず、指揮のあり方においても、それは顕著であった。フランス軍首脳部は、あらかじめ立てた作戦計画通りに、整然と戦闘を遂行できると確信していたから、きわめて中央集権的な指揮統制システムを採り、下級将校に権限を委譲しなかった。ドイツ軍の「委任戦術」とは逆に、現場指揮官の自主性を等閑視《とうかんし》したのである。

一九四〇年五月、この白と黒とでも評すべき、根本的に異なるドクトリンが激突することになった。

作戦構想の相互作用

一九三九年に英仏との戦争に突入して以来、ヒトラーは、冬季であろうとも西方作戦を発動すべしと国防軍首脳部に命じていた。しかし、両大国相手の大規模な攻勢を実行できるほど、ドイツの軍備はととのっておらず、しかも冬季作戦は軍事的には不利な点が多かったから、攻勢は実現をみなかった。

さはさりながら、この間に、ドイツ側の作戦は大きな転換を迎えていた。一九三九年から四〇年にかけて、ドイツ陸軍総司令部《オーバーコマンド・デス・ヘーレス》（ＯＫＨ）が総統に提出した作戦案は、強力な右翼によってオランダ・ベルギー方面に侵攻、英仏海峡沿岸に到達するというもので、いわば、第一次世界大戦前に立案された対仏攻勢計画「シュリーフェン・プラン」の焼き直しといっても過言ではなかった。当然、ヒトラーもこの旧態依然たる構想に不満を抱《いだ》いていたが、その彼を驚喜させる案が、来《きた》るべき西方攻勢で重要な役割を担うことになっていたA軍集団の参謀長、エーリヒ・フォン・マンシュタイン中将より出される。アルデンヌ高原の森林地帯を突破し、連合軍を分断したのち、北西に進撃して、その主力を包囲殲滅《せんめつ》する作戦だ。ヒトラーは、ただちにマンシュタインの計画を採用した。

このマンシュタインの着想にもとづく作戦計画は、英仏連合軍の裏をかいたものとなった。連合軍首脳部も、ドイツ軍はその右翼に重点を置き、イギリスが大陸に派遣した遠征軍（「イギリス遠征軍」、略称「BEF」）の補給源である英仏海峡の諸港を押さえにかかると考え、敵の攻勢発動時に主力をオランダ方面に進出させる作戦を策定していた（「ディール計画」）(7)。ところが、ディール計画を実行すれば、連合軍の主力はオランダ方面に突出することになり、その南のアルデンヌ森林を突進するドイツ軍によって側背《そくはい》を脅《おびや》かされ、危険な態勢におちいってしまう。戦史にしばしばみられることであるけれども、彼我《ひが》の作戦構想がはからずも相互作用をおよぼし、どちらかの側に致命的な不利をもたらす場合がある。マンシュタイン計画とディール計画についても、連合軍にとっては不都合な組み合わせが生じていたのだ。

かような戦略・作戦次元の陥穽《かんせい》は、一九四〇年五月十日に顕現《けんげん》した。ドイツ軍の西方侵攻「黄号《ファル・ゲルプ》」作戦が発動されたのである。ドイツ軍の右翼を構成するB軍集団は、オランダ・ベルギー・ルクセンブルクへの侵攻を開始する。Ｂ軍集団の攻勢には、装甲師団の一部や空挺部隊も使用されていたから、連合軍首脳部は、この正面でドイツ軍の主攻がなされると判断した。フランス陸軍総司令官兼参謀総長モーリス・ガムラン大将は、ディール計画の実施を命じた。

左翼のフランス第七軍はオランダ、イギリス遠征軍（ＢＥＦ）はベルギーに向かう。ドイツ軍の思うつぼであった。

ムーズ川を渡るドイツ軍第1戦車連隊　Bundesarchiv

アルデンヌ突破

ドイツ軍装甲部隊の主力を成す四個軍団は、Ｂ軍集団が連合軍の注意を引きつけているあいだに、アルデンヌ突破にかかっていた。この正面にいたのは、わずかなベルギー軍部隊のみであったから、ひとたまりもない。ドイツ軍は一気にアルデンヌを通過し、十二日にはベルギー・フランス国境付近のムーズ川（ドイツ語呼称では「マース川」）に達する。

もっとも、フランス軍も、こうした動きを捉《とら》えてはいた。偵察機が、アルデンヌ森林にドイツ軍の車輛《しゃりょう》縦

列が密集していることを確認していたのである。だが、ドイツ軍攻勢の重点はオランダ・ベルギー方面だと信じ込んでいたフランス軍は、アルデンヌのそれは支作戦にすぎないし、そもそも大規模な装甲部隊がアルデンヌを通過することは困難であろうと判断していた。よしんば、ドイツ軍がアルデンヌ正面を踏破したとしても、そこには天然の障害であるムーズ川に拠るフランス軍陣地がある。これを攻撃するには砲兵支援が不可欠だから、その到着を待つためにドイツ軍は停止するはずだと考えたのだ。

これが第一次世界大戦のことであったならば、適切な判断だったといえる。しかし、フランス軍が直面しているのは第二次世界大戦だった。五月十三日早朝、ハインツ・グデーリアン装甲兵大将の第一九自動車化軍団は、十九世紀のドイツ統一戦争の古戦場でもあるスダンでムーズ渡河《とか》にかかった。なるほど、地上の砲兵はまだ到着していない。けれども、ドイツ軍は縦横無尽に進退できる「空飛ぶ砲兵」、すなわち空軍の爆撃機部隊を有していたのである。ドイツ空軍は、スダン周辺わずか四キロ幅ほど

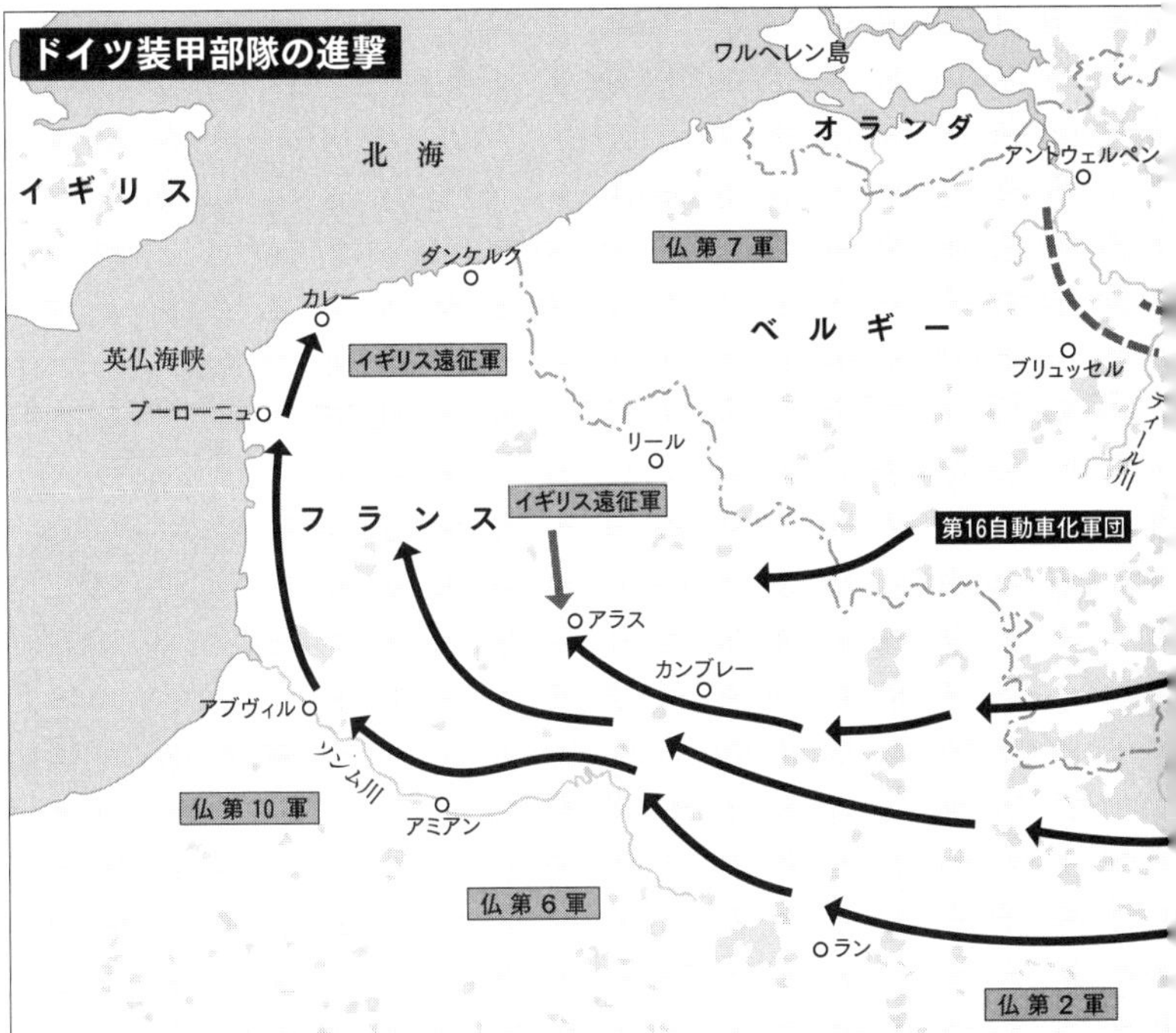

大木 毅『戦車将軍グデーリアン』、角川新書、2020年、190〜191頁より作成

の狭隘《きょうあい》な地区に、延《の》べ一千二百十五機の爆撃機を投入、フランス軍の陣地を覆滅《ふくめつ》してしまった。

　とはいえ、フランスにも空軍はある。それも、質はともかくとして、量的にはドイツ空軍に匹敵するだけの航空戦力が。彼らは、スダン上空の航空戦に加わらなかったのか？

　ここでも、「マジノ線心理」から来る戦略の誤りが作用していた。第一次世界大戦型の長期消耗戦を予想したフランス空軍は、予備兵力の保持こそが重要であると考え、さしあたり一部の戦力を前線に投入したのみで、多くの航空部隊を後方に控置《こうち》していたのである。それゆえ、第一撃に全力を傾けたドイツ空軍にフランス空軍が圧倒され、航空優勢を奪われたのも当然といえた。

さりながら、英仏連合軍は、十四日に戦闘機二百五十、爆撃機百五十二を出撃させ、スダンのドイツ軍橋頭堡《きょうとうほ》への反撃を支援させたが、これを予期していたドイツ軍は、当該地域に戦闘機と高射砲を集中、撃墜・戦闘不能合わせて百六十七機という大損害を与えたのだ。

かくてドイツ軍は、アルデンヌ森林とムーズ川という難所を抜け、北フランスの緑野《りょくや》に躍り出たのであった。

気を吐くド＝ゴール

連合軍の戦線に打ち込まれたドイツ装甲部隊の楔《くさび》は、英仏海峡沿岸部めざして、深々と刺さっていく。第二次世界大戦で確立された機甲戦の原則からすれば、このような突進に対しては、歩兵が戦線を張って食い止めようにもスピードが追いつかないから、防御側も戦車を中心とする部隊を集中して、敵の側背を衝くのがもっとも適切な策であろう。しかも、当時のフランス軍は、味方戦線が突破された場合に反撃に出ることを目的とする機動打撃部隊、すなわち機甲予備師団《ディヴィジョン・キュイラセー・ド・レゼルヴ》四個を使用できた。

しかし、計画通りの作戦遂行を極度に重視するドクトリンに囚《とら》われ、指揮通信手段も時代遅れとなっていたフランス軍には、機甲部隊を使いこなすことはできなかった。たとえば、前出のガムラン大将は当時、パリ東方モントリーに戦闘司令所を置いていたが、そこには無線設備どころか、伝書バトも用意されておらず、命令示達はオートバイ伝令等に頼っていたのである。緊密な通信連絡網のバックアップを受けて、臨機応変に投入されるべき機甲部隊は、このような作戦環境のもとで浪費されていった。五月十四日、総軍予備から第二軍に増援された第三機甲予備師団は、第二一軍団とともに、ドイツ軍のスダン橋頭堡を攻撃しようとした。だが、ドイツ軍の攻撃を受けて、前線が崩《くず》れだしたため、反撃は中止される。第三機甲予備師団も防衛線の支援に分散させられてしまった。

十五日の朝には、第九軍の指揮下にあった第一機甲予備師団が、反撃に出るため、燃料補給中のところを、のちに「砂漠の狐」の異名を取ることになるエルヴィン・ロンメル少将率いるドイツ第七装甲師団（第一五自動車化軍団所属）に捕捉され、撃破された。

第二機甲予備師団も、総司令部の無定見に翻弄《ほんろう》される。最初はベルギー進撃に加わるはずだったのが、ドイツ軍の進撃にあわてふためいた総司令部の矛盾した命令によって右往左往させられた末に、分散投入されるはめになったのだ。

こうしたぶざまな状態にあって、ひとり気を吐いたのは、当時陸軍大佐で、戦後に大統領となるシャルル・ド＝ゴールであった。彼は、両大戦間期に、フランス陸軍の保守本流思想であった、戦争を理性で統御できるものとみなす考えに、真っ向から反対する異端児であった。ド＝ゴールにとっては、流動的で予期せぬことが起こるのが戦争の本質であり、これに対処するのに必要なのは、当意即妙の解答をみちびく知性であり、重視すべきはスピードだったのである。かような思想を抱くド＝ゴールが、軍隊機械化の熱心な主唱者となったのは理の当然といえた。また、そうしたキャリアゆえに、一九四〇年五月十一日、新編された第四機甲予備師団の長に補せられたのだ。

ド＝ゴールは、自らの作戦・戦術思想通りに、五月十七日にはモンコルネ付近、同二十八日にはコーモンで、第四機甲予備師団を率いて反撃に出て、一時はドイツ軍を退却させもした。結局は、ドイツ軍の航空攻撃により撃退されたものの、これはフランス軍が総崩れになるなか、反撃が奏功した数少ない事例の一つだといわれている。

終幕

さりながら、より高位の次元である戦略レベルでの失敗を、作戦・戦術レベルの成功でくつがえすことはできない。ド＝ゴールがいかに奮戦しようとも、この時点で、連合軍、ひいてはフランスの敗北は定まったも同然であった。

装甲部隊が通れぬと見込まれていたアルデンヌ森林地帯を抜けたドイツ軍は、攻略に手間取るはずのスダンをあっさり陥落させ、およそ百キロにわたり戦線に開《ひら》いた穴を衝いて、北西に急進している。これを阻止しなければ、連合軍は中央突破されて二分され、各個撃破の憂《う》き目に遭《あ》うであろう。だが、それを封じるべき主力は、オランダ・ベルギー方面に突出した状態にある上に、ドイツ軍のB軍集団に拘束されて、容易に転進できない。連合軍の諸部隊は、なすすべもなく、ドイツ装甲部隊が巻き起こす鋼鉄の嵐の前に、塵《ちり》のごとく吹き飛ばされていった。

五月十五日、フランス首相ポール・レイノーは、同盟国イギリスの戦時宰相ウィンストン・チャーチルに電話をかけ、悲痛な言葉を洩らした。「われわれは敗れました。打ちのめされたのです。戦闘に負けた」。

ダンケルクの浜辺で退却の船を待つイギリス軍将兵

その通りであった。五月二十一日のアラスにおけるＢＥＦの反撃により苦戦を強いられる一幕もあったものの、ドイツ軍はその前日、二十日には英仏海峡に到達しており、連合軍主力の包囲に成功したのである。こうして、フランス軍の優良部隊ばかりか、ＢＥＦまでも殲滅されるかと思われたが——。

ヒトラーの不可解な命令がＢＥＦを救った。独裁者は、ダンケルクに押し込められた連合軍に対する攻撃を中止させ、装甲師団群に現在位置での停止を命じたのである。当然のことながら、この、西方侵攻作戦に画竜点睛《がりょうてんせい》を欠くともいうべき結果をもたらした総統の指示については、装甲部隊の消耗を恐れたからだ、いや、空軍だけでＢＥＦを撃滅できると信じたためだなど、さまざまな議論がある。だが、それについては、紙幅がかぎられていることであり、別稿を要するテーマでもあるから、本章では割愛したい。ここでは、連合軍の最精鋭部隊が無力化され、フランスの運命が定まったことだけを確認しておけばよかろう。

ダンケルク以後、フランス軍は、エーヌ川とソンム川を結ぶ線、いわゆる「ウェイガン」線[8]に拠って、激しく抵抗したが、すでに大勢は決していた。ドイツ軍は、第二段階の「赤号《ファル・ロート》」作戦を発動、つぎつぎとフランス軍部隊を撃破し、その国土を占領していく。六月十四日には、無防備都市を宣言した首都パリに、ドイツ軍が無血入城した。敢えていうなら、「赤号」作戦は、優勝決定後の消化試合だったといえる。

一九四〇年六月二十二日、ドイツ国防軍最高司令部《オーバーコマンド・デア・ヴェーアマハト》（ＯＫＷ）長官ヴィルヘルム・カイテル上級大将とフランス陸軍全権代表シャルル・アンツィジェ大将によって、休戦協定が調印された。ドイツ側は、第一次世界大戦の休戦協定が調印されたのと同じコンピエーニュの森に、やはり前大戦の休戦交渉の場とされたワゴン・リ社製の客車を軍事博物館から持ち出して、そこで会談を行ない、フランス側に屈辱を強いたのである。

結語

以上、みてきたように、ドイツの西方作戦は、「電撃戦」と称されるにふさわしい、迅速かつ鮮やかな手並みをみせた。しかしながら、この「電撃戦」とは、そうした戦いぶりを形容する

ドイツ軍戦闘序列(1940年5月10日)

A軍集団
- 軍集団予備
- 第２軍司令部
- 装甲集団
  - 第19軍団
  - 第44軍団
  - 第14軍団
- 第４軍
  - 第５軍団
  - 第８軍団
  - 第２軍団
  - 第15軍団
  - 軍予備
- 第12軍
  - 第３軍団
  - 第６軍団
  - 第18軍団
  - 軍予備
- 第16軍
  - 第７軍団
  - 第13軍団
  - 第23軍団
  - 第40軍団

B軍集団
- 第１軍団
- 補充第６軍団司令部
- 軍集団予備
- 第18軍
  - 第10軍団
  - 第26軍団
- 第６軍
  - 第９軍団
  - 第11軍団
  - 第４軍団
  - 第27軍団
  - 第16軍団

C軍集団
- 軍集団予備
- 第１軍
  - 第30軍団
  - 第12軍団
  - 第24軍団
  - 第37軍団
- 第７軍
  - 第25軍団
  - 第33軍団

対独戦線の連合軍戦闘序列(1940年5月10日)

第１軍集団
- 軍集団予備
- フランス第７軍
  - 第１軍団
  - 第16軍団
- イギリス遠征軍
  - 第２軍団
  - 第１軍団
  - 第３軍団
- フランス第１軍
  - 第３軍団
  - 第４軍団
  - 第５軍団
  - 騎兵軍団
  - 軍予備
- フランス第９軍
  - 第２軍団
  - 第11軍団
  - 第41軍団
  - 軍予備
- フランス第２軍
  - 第10軍団
  - 第18軍団
  - 軍予備

第２軍集団
- 軍集団予備
- フランス第３軍
  - 第24軍団
  - 第42軍団
  - 植民地軍団
  - 軍直属
  - 軍予備
- フランス第４軍
  - 第９軍団
  - 第20軍団
  - 軍予備
- フランス第５軍
  - 第８軍団
  - 第43軍団
  - 第12軍団
  - 第17軍団
  - 軍直属

第３軍集団
- 第45軍団(要塞守備)
- フランス第８軍
  - 第８軍団
  - 第７軍団
  - 第44軍団

総軍予備
- 第21軍団司令部
- 第23軍団司令部
- 第２機甲予備師団、第３機甲予備師団、第３自動車化歩兵師団、第23歩兵師団、第28歩兵師団、第29歩兵師団、第36歩兵師団、第43歩兵師団、第１北アフリカ師団、第７北アフリカ師団、第１植民地師団、第５植民地師団、第７植民地師団、第１ポーランド師団、第10歩兵師団、第14歩兵師団、第６歩兵師団、イギリス第12歩兵師団、イギリス第23歩兵師団、イギリス第46歩兵師団

大木 毅『灰緑色の戦史』、作品社、2017年、104～105頁より作成

ための言葉であり、ドイツ国防軍が採用したドクトリンでもなければ、用兵思想といえるものでもなかった。では、「電撃戦」とは何であったかというと、すでに第一次世界大戦時、一部にはさらに前にさかのぼる用兵思想（それが、教範「軍隊指揮」に凝縮されたとみることができる）にもとづく作戦・戦術が、戦車や航空機といった新しい手段を駆使して実行された結果、現出した戦争の様態だったと規定することが可能であろう。

この用兵思想・ドクトリンに、正反対の硬直したそれが向かい合ったとき、前者の優位は遺憾《い かん》なく発揮されることとなった。一九四〇年に、大国フランスが一方的に叩きのめされ、降伏のやむなきに至ったこと、それが「電撃戦」として喧伝されるようになったことは、軍事においても、人間の思考――知性が重要なカギを握っていることの証左であると思われる。

註

（1）フリーザーは、レンジャー資格を有する連邦国防軍《ブンデスヴェーア》の将校であり、かつては尖兵中隊長ほかを務めた部隊指揮官であった。しかし、冷戦終了後研究職に転じ、博士号（歴史学）を取得、連邦国防軍軍事史研究局（現軍事史・社会科学研究センター）の第二次世界大戦史部長に補せられた。現在は退役しているが、折に触れて戦史関係の評論を発表している。

（2）ちなみに、これらの論文で使われている「電撃戦」の概念は、本章で示すような作戦・戦術のコンセプトとはまったく異なる、両大戦間期に登場した試論ともいうべきものであり、また、国防軍のドクトリンとして採用されてもいない。

（3）参謀本部の機能を持つが、ヴェルサイユ条約によって陸軍参謀本部の維持が禁止されていたため、実態にそぐわぬ「部隊局」の名称を付して偽装した。

（4）ヴェトナム戦争に敗れたのち、アメリカ軍が「委任戦術」を研究し、米陸軍・海兵隊が同様の理念にもとづく「任務指揮《ミッション・コマンド》」を採用したことはよく知られている。

（5）これらの教範の邦訳は、ドイツ国防軍陸軍統帥部／陸軍総司令部編纂、旧日本陸軍／陸軍大学校訳『軍隊指揮——ドイツ国防軍戦闘教範』（作品社）に収録されている。

（6）日本ではなお、ドイツ装甲部隊の創設を推進したのはグデーリアンただ一人であるとの、彼自身の回想録（『電撃戦』）によって流布されたイメージが強い。しかし、今日では、グデーリアンが自らの功績を過剰に記したものであることは証明されている。加えて、グデーリアンに影響を与えた人物のことが初刷では記されておらず、二刷以降でようやく追加しているといった、芳《かんば》しからざる事実も指摘されているのである（大木毅『戦車将軍グデーリアン』／Roman Töppels Manuskript, Heinz Guderian – *Schöpfer der deutschen Panzerwaffe?*）。

（7）「ディール」は、進出目標とされたベルギーのディール川（現地名称ティル川）より取られた。

（8）その名は、当時連合軍総司令官だったマキシム・ウェイガン大将にちなんでいる。

第二章

見果てぬ夢の終わり

――英本土上陸作戦（一九四〇年九月？）

戦争を「実験」する

第二次世界大戦史を顧《かえり》みれば、立案、あるいは発動準備まで進みながら、政戦略的な情勢変化によって実現に至らなかった作戦は、ナチス・ドイツのスイス侵攻「モミの樹《タンネンバウム》」やスペイン侵攻「イザベラ」、アメリカ軍の日本本土進攻「没落《ダウンフォール》」（九州上陸「オリンピック」や関東進攻「小冠《コロネット》」などから成る）など、枚挙にいとまがない。

だが、そうした計画といえども、戦略・作戦・戦術を研究する上では大きな示唆《しさ》を与えてくれるから、分析・検討を加える価値があるのは論《ろん》を俟《ま》たない。しかしながら、その結果ということになると、しょせんはイフの範疇《はんちゅう》ということになるのだが——あり得た経過を探る上で有効な手段がないわけではない。

図上演習（「図演」と略されることも多い）や兵棋《へいき》演習(1)、今日の言葉でいえばウォーゲーミング、もしくはシミュレーションがそれである。

地図やジオラマの上で、各部隊を示す隊標や模型を動かして、生起した戦闘の結果を判定していくことにより、作戦計画や戦術的企図《きと》が有効に機能するのかを検証する。このような方法は、一見子供じみているように思われるかもしれないけれども、戦争という不確実性にみちみちた現象に対処するには、きわめて有効であった。

たとえば、十九世紀のドイツ統一戦争で、プロイセンの参謀総長だった大モルトケの打つ手のほとんどが当たったのは、長年図上・兵棋演習《クリークシュピール》を重ねて、作戦計画の適否や起こり得るさまざまな可能性を検討してきたたまものだったといわれる。また、日本海軍が日露戦争前に兵棋演習を重ねて、戦術を練《ね》ったこともよく知られた挿話だ。

いわば、ウォーゲーミングは、戦争を「実験」する重要なツールなのである。

冒頭で触れたような、実施されなかった作戦についても、この手段を用いて、展開と結果を推測することができる。一九七四年にイギリスで行なわれた、ある大規模な図上演習も、さような試みの一つであった。詳細は後段で述べるが、もしもドイツが、一九四〇年に予定されていながら中止された英本土上陸作戦を実行していたら、いかなる結末をみたかを検証するために大規模な図上演習が催されたのだ。

本章では、それ自体が興味深いテーマであるドイツの英本土上陸作戦「ゼーレーヴェ」[2]の概要を述べ、また、右の図演の結果を踏まえて、ウォーゲーミングという手法で得られた推論についても触れることとしたい。

抵抗を続けるイギリス

欧州に勃発《ぼっぱつ》した二度目の大戦は、一九四〇年初夏の時点では、ドイツの勝利に終わるかに思われていた。一九三九年にソ連と結んでポーランドを分割したドイツは、デンマーク、ノルウエーを征服したのち、一九四〇年五月に西方攻勢を発動、ベネルクス三国（オランダ王国、ベルギー王国、ルクセンブルク大公国）を蹂躙《じゅうりん》し、連合軍の主力を撃破したのだ。

イギリス遠征軍（ＢＥＦ）は、装備のほとんどを失いながら、からくもダンケルクより撤退した。残るフランス軍は必死に抵抗したものの、圧倒的な戦力の優位を得たドイツ軍の前には、なすすべもない。六月二十二日、フランスはドイツとの休戦協定に調印した。

もはや孤立したイギリスが膝を屈するのも時間の問題と思われた。ナチス・ドイツの総統アドルフ・ヒトラーは、ここで対英和平の打診を試みる。

もともと、ヒトラーの政治構想からすれば、何としても打倒しなければならない宿敵は共産主義のソ連であって、ドイツ人と同じゲルマン系のアングロサクソン民族が支配するイギリスはむしろ同盟国として確保する、少なくとも中立状態に置くべき存在だった。

それを、ポーランド侵攻をめぐる駆け引きのうちに敵にまわしたのは遺憾《いかん》きわまることでしかない。西部戦線の大勢が決したからにはイギリスと講和し、背後の安全を確保した上で、念願のソ連侵攻に着手したいと、ヒトラーは希望していた(3)。

加えて、国民の体制支持を獲得するために、その生活水準を維持しつつ、戦争を準備、遂行していくという「大砲もバターも」式の矛盾を抱えたドイツの経済政策も、対ソ戦を不可避のものとしていた。ソ連を征服し、そこから人的・物的資源を収奪しなければ、ドイツの戦時経済を維持することは困難であると見込まれたのだ。

ところが、孤立し、苦境にあるはずのイギリスは、いっこうに両手を上げようとはしなかった。宥和《ゆうわ》政策を続けてきたネヴィル・チェンバレンの後を襲って、戦時宰相《さいしょう》となったウィンストン・チャーチルは、一時はドイツとの講和を考えたものの、ダンケルク撤退の成功によって陸軍再建の中核となる将兵が救われたこと、アメリカの本格的な支援が期待されることなどから、徹底抗戦を決意したのである。

一九四〇年七月十九日、ヒトラーは国会演説で和平を呼びかけたが、イギリスの反応は冷淡だった。同二十二日、英外相ハリファックス卿《きょう》は、ラジオ放送で、講和交渉を行なうつもりはない、イギリスは戦争を継続すると宣言した。

ならば、ヒトラーとしても、イギリスを屈服させる最終的な一手――上陸作戦を考慮せざるを得ない。英本土をめぐる攻防が開始されようとしていた。

具体化する作戦計画

さりながら、ドイツ国防軍《ヴェーアマハト》にとって、英本土上陸などはまったく想定していない任務だった。彼らの仮想敵国は、陸続きのポーランドやフランスなどであって、イギリスへの渡海侵攻などは研究も準備も不充分だったのだ。

それでも、ポーランドとの紛争が拡大し、対英戦争に突入する可能性が高まってきた一九三九年八月、ドイツ空軍は「対英航空戦研究」と題した報告書を作成した。そこでは、大陸の作戦に応じて、英本土上陸があり得るという脅威を与える、あるいはそうした作戦を実行することで、イギリスの継戦意志をくじくという策が言及されている。

ついで、開戦後の一九三九年十一月には、ドイツ海軍総司令官エーリヒ・レーダー元帥が、一定の条件が満たされた場合に英本土侵攻を行なうことが可能かという問題について、軍令部《ゼークリークスライトゥング》に検討を命じた。この研究の結論は、イギリス海軍ならびに空軍が侵攻の主たる障害になるけれども、それらを撃破すれば、そもそも上陸作戦自体が不要になるであろうというものだった。ただし、北海を渡っての大規模な上陸作戦は、イギリスを講和に追い込む手段となり得るとも付け加えられている。

ドイツ陸軍もまた、英本土侵攻の可能性を考えはじめた。一九三九年十二月、陸軍参謀総長フランツ・ハルダー砲兵大将の命を受けて、イングランドの北海沿岸部、イースト・アングリアに上陸する計画「北西《ノルトヴェスト》」が作成される。この作戦案は、実現可能かどうかの判断を求めるため、空軍と海軍にもまわされた。だが、両者は、英海軍が無力化されないかぎりは不可能、また航続距離に鑑《かんが》みて、ドイツ本土からの空軍による上陸支援はできないという、にべもない回答を返してきた。

つまり、一九三九年段階の英本土上陸作戦計画は、当然のことながらペーパープランにとどまっていたのである。

しかし、一九四〇年の西方攻勢が成功し、戦略的環境が激変するとともに、計画はより具体性を帯びてきた。イギリスが講和に応じず、抗戦を継続したことにより、英本土上陸作戦は決定的な意義を有するようになったのだ。

一九四〇年五月二十七日、海軍は「ノルトヴェスト」案をベースとして、占領したデンマークならびにフランスの、北海や英仏海峡に面した諸港を侵攻基地として使用することを組み入れた計画を提出した。六月七日には、上陸地域と目されるイングランド南部の港湾や海岸の水路研究報告も完成している。

陸軍も、西方攻勢の大勢が決した六月初頭より、より現実的なものとして、英本土上陸作戦の検討にかかった。それら複数の研究をもとに、一九四〇年七月十三日、陸軍総司令官ヴァルター・フォン・ブラウヒッチュ上級大将（その直後、七月十九日に元帥に進級）に同道して、ヒトラーのもとに赴いたハルダー陸軍参謀総長が、英本土上陸作戦の検討結果を報告する。これを受けて、ヒトラーは、ブラウヒッチュとハルダーに、イギリス侵攻の具体的準備を開始せよと命じた。

七月十六日付で発せられた総統指令第一六号より引用しよう。

「イギリスは、軍事的には絶望的な状況にあるにもかかわらず、了解に達する用意があることを示す兆候をみせていない。それゆえ私は、イギリス上陸作戦を準備し、必要とあれば遂行すると決意した」（*Hitlers Weisungen für die Kriegführung 1939-1945*, herausgegeben von Walther Hubatsch）。

「ゼーレーヴェ」をめぐる紛糾《ふんきゅう》

この総統指令第一六号で「ゼーレーヴェ」と名付けられた英本土上陸作戦は、陸軍と海軍のあいだに紛糾《ふんきゅう》をもたらした。というのは、ドイツ海軍総司令官レーダー元帥は、四月のノルウェー侵攻でこうむった大損害に鑑みて、このような一大上陸作戦を遂行することは不可能だと考えていたからである。

たしかに、ドイツ海軍はノルウェー侵攻で、重巡洋艦一隻、軽巡洋艦二隻、駆逐艦十隻を失っていた。一九三五年にようやくヴェルサイユ条約の軍備制限を脱したものの、艦隊再建の途上で大戦に突入し、兵力不足に悩むドイツ海軍にとっては受忍《じゅにん》しがたい損害だ。それゆえ、レーダーは、英本土上陸のようなリスキーな作戦ではなく、水上艦艇やUボート、航空戦力を駆使した通商破壊戦で、海外からの物資供給を断ち、島国イギリスを干上がらせるのが得策だと主張した。

ところが、陸軍側は、そうした海軍の懸念などおかまいなしに、上陸後をにらんだ作戦計画を立案した。狭い正面に上陸したのでは、イギリス軍の対応を容易にしてしまう。イングランド南部の海岸に、可能なかぎり広い範囲で上陸し、分進合撃《ぶんしんごうげき》（分散して迅速に進み、決定的な地点で合流して敵を叩く）すべきだ、というのである。

海軍としては、とうてい呑《の》めない作戦案だった。上陸正面を広げるということは、作戦海域

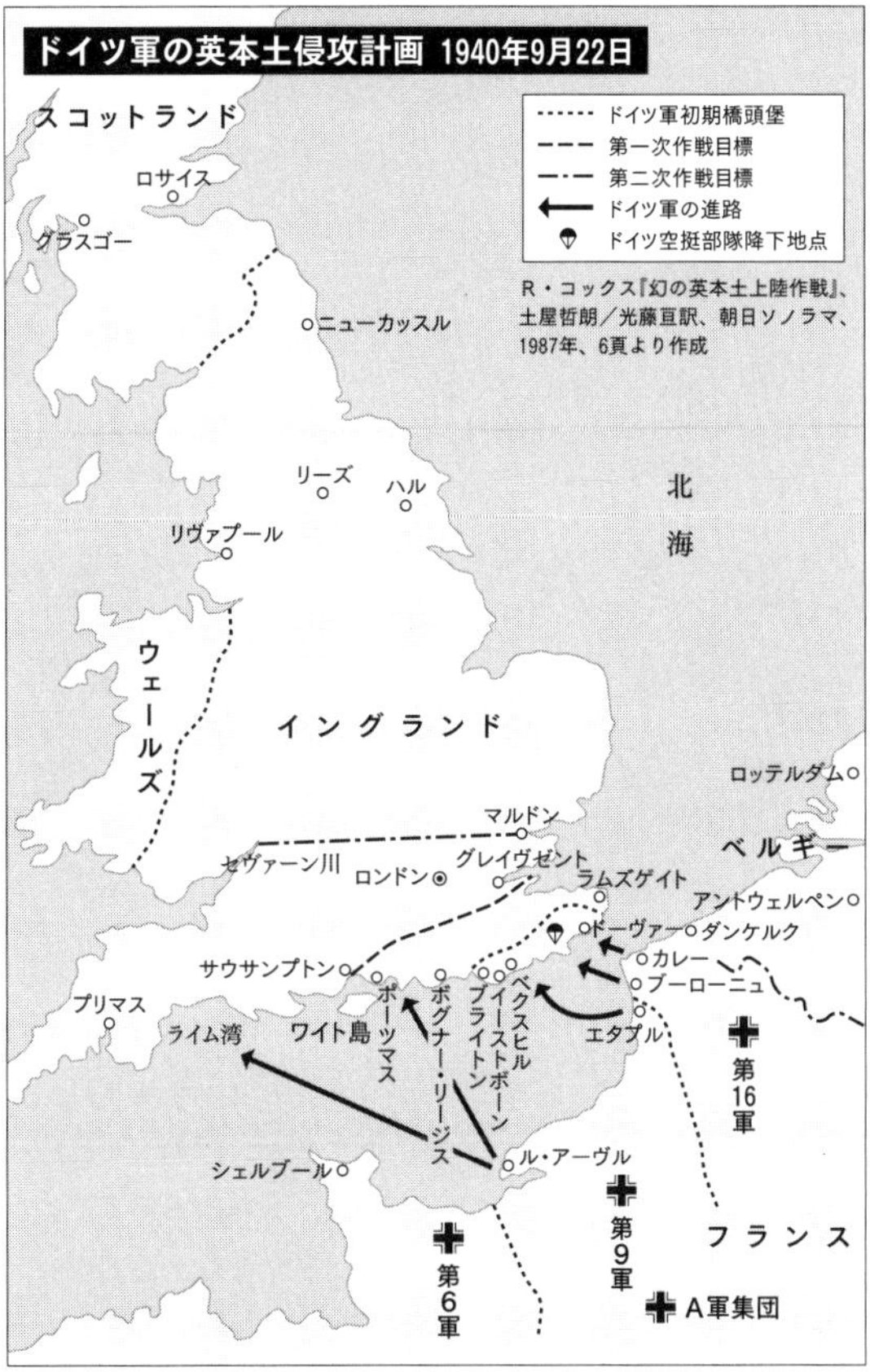

が大幅に広がることを意味し、陸軍部隊を運ぶ船団を護衛する負担も格段に大きくなるのだ。そのような作戦を遂行し得る戦力を、ドイツ海軍は持ち合わせていない。ドーヴァー海峡に回廊上の海域を設定し、その両側をUボートと機雷で封鎖して、輸送船団の航行の安全をはかるぐらいがせいぜいだ。

広正面か、狭正面か。

陸海軍が対立し、結論が出ないのをみて、ついにヒトラーが裁定に乗り出した。両者の提案を折衷《せっちゅう》するような構想を提示したのである。結局は、これが「ゼーレーヴェ」の最終的な骨格をつくった。

未発の上陸作戦

八月三十日付の作戦計画で定められた侵攻経路と上陸海岸は、以下の通りである。

第九軍はル・アーヴルとブーローニュより乗船し、ボグナー・リージスとイーストボーン間の海岸に、また、第一六軍は、カレー、ダンケルク、オーステンデ、アントウェルペン、ロッテルダムの諸港より、イーストボーンとドーヴァー間に侵攻することとされた。この二個軍が、第一波として九個師団を上陸させるのである。ほかに二個空挺師団が、上陸に先立ち、上陸海岸より内陸の要地に降下する予定だった。

また、予備として、ノルマンディの港湾都市シェルブールに第六軍が控置《こうち》され、状況に応じて投入される。

すなわち、海軍が主張したほどの狭正面ではないが、陸軍が求めたような広正面ではないし、上陸第一波の兵力もその提案より少ないという計画になっていたのだ（陸軍は当初、第一波で十三個師団を上陸させる計画を立案していた）。

さりながら、九個師団もの大軍を運ぶ船舶を確保するのは、大陸国家ドイツにとっては至難のわざだった。そのため、通常の輸送船はもちろんのこと、ライン川やエルベ川の川船や、諸港の艀《はしけ》までもかき集められたことはよく知られたエピソードであろう。そうして揃えた船舶も、イギリス空軍の爆撃により、少なからぬ数が撃破されてしまったが、それでも、一九四〇年九月十九日の時点で、大小の貨物船百六十八隻、川船一千九百七十五隻、沿岸汽船百隻、曳船《えいせん》四百二十隻、モーターボート一千六百隻が、「ゼーレーヴェ」に向けて用意されていたとの記録が残っている。

ただし、これらの準備には厖大《ぼうだい》な時間を要した。最初、海軍は八月なかばには上陸作戦を実施できると報告していたが、川船の上陸用舟艇への改修が手間取り、「ゼーレーヴェ」が発動可能になったのは、九月中旬になってからだった。

しかし、こうして作戦開始寸前まで進んだにもかかわらず、「ゼーレーヴェ」は現実のものとはならなかった。英本土上陸の大前提である、航空優勢が獲得できなかったためであることはいうまでもない。

ヒトラーは、英本土を攻撃、イギリス空軍を撃破せよと、ドイツ空軍に命じていた。これには、航空優勢を奪うとともに、連日の空襲により英国民を士気阻喪《しきそそう》させれば講和の機運が生じ、リスクの大きな上陸作戦

ドイツ軍爆撃機を迎撃するスピットファイア（バトル・オヴ・ブリテン）

を実行する必要がなくなるかもしれないとの期待がこめられていた。

だが、こうして開始された英本土航空戦《バトル・オヴ・ブリテン》で、イギリス空軍の戦闘機隊は奮戦し、ドイツ空軍に大損害を与えた。チャーチルが「人類闘争史上、かくも多くの人々が、かくも少数の者たちに恩恵をこうむったことはない」と讃えた活躍であった。そのため、英仏海峡とイングランド南部における航空優勢の獲得という、「ゼーレーヴェ」に必要不可欠な条件は、ついに満たされなかったのだ。

加えて、季節は秋に移り、天象は上陸作戦に不適となっていく。十月十二日、ヒトラーは、軍事的・政治的に圧力をかける手段として、翌一九四一年春まで英本土上陸作戦準備を継続すると決定した。しかし、そのときが来ても、英本土上陸は現実のものとはならなかった。一九四〇年十二月十八日、ヒトラーは有名な総統指令第二一号を発して、ソ連侵攻の準備を命じたのである。

かくて、英本土におけるドイツ侵攻軍と、三十個師団相当の兵力(4)を有するイギリス防衛軍の会戦は、一場《いちじょう》の夢と化したのだが――。

サンドハースト図演

九七四年、イギリスのサンドハースト王立陸軍士官学校において、『デイリー・テレグラフ』紙の主催により、興味深い試みがなされた。同校の教官だった軍事史家パディ・グリフィスが、一九四〇年当時、戦闘に参加していた英独の軍人たちを集め、「ゼーレーヴェ」作戦が実施された場合の展開と結末を検討するための図演を開催したのである。

イギリス側の統裁官は、グリン・ギルバート陸軍少将（当時、王立リンカンシャー連隊勤務。以下、同様に一九四〇年時点での配置を示しておく）、テディ・ゲリッツ海軍少将（重巡洋艦「カンバーランド」勤務）、クリストファー・フォックスリー＝ノリス空軍大将（第一三飛行中隊のパイロット）、ドイツ側の統裁官は、ハインリヒ・トレットナー西独（当時）陸軍大将（第七空挺師団作戦参謀）、フリードリヒ・ルーゲ西独（当時）海軍中将（西方掃海艇隊司令部勤務）、アドルフ・ガラント[5]空軍中将（第二六戦闘機戦隊司令）であった。

　英独それぞれのチームには、元軍人や、シュトゥットガルト現代史図書館長でドイツ海軍史の専門家であったユルゲン・ローヴァーなどが参加し、統裁官を含めて総勢三十名でウォーゲーミングが実施されることになった。以下、図上演習の設定・運営に

1947年に開校したサンドハースト王立陸軍士官学校

当たったグリフィスの著書（Paddy Griffith, *Sprawling Wargames. Multiplayer Wargaming*）と、それを小説仕立てにしたジャーナリストによるレポート（Richard Cox, *Operation Sea Lion*）をもとに、その経過を記していこう。

まず、状況設定として、つぎのような前提が決められた。

ドイツ軍は、一九四〇年九月までに英仏海峡を渡るのに必要な船舶を集めた。ドイツ空軍も、史実のように主目的をロンドン空襲に転じるのではなく（ただし、夜間の首都空襲は実行する）、飛行場攻撃を継続、その結果、英空軍は潰滅《かいめつ》寸前に追い込まれていると判断した。

上陸第一波に続き、砲や自動車、馬匹《ばひつ》、重装備を運ぶ輸送船団は、目標海岸沖合で待機しているところで、英海軍の巡洋艦ならびに駆逐艦の攻撃を受ける。ドイツ側で船団掩護《えんご》に使用できる兵力は、若干のUボート、高速魚雷艇、駆逐艦しかない。

イギリス本国艦隊は、スコットランドの泊地から南下してこなければならないため、上陸船団は海峡横断中、おおむね妨害を受けない。

ドイツ軍の空襲により、イースト・アングリア地方と、上陸海岸のあるケントならびにサセックス地方を結ぶ鉄道が機能停止したため、英陸軍部隊を迅速に再配置することは難しくなる。

ほかにも、さまざまな細かい設定があるのだが、重要な条件はこのようなものであった。

ここからは、理解を容易にするために、実戦の展開をルポルタージュするかのように叙述していくけれども、すべて、このサンドハースト図演の展開であることをお断りしておく。

侵攻開始

一九四〇年九月十九日から二十日にかけて、ドイツ軍の動きは活発になっていた。尾翼にハーケンクロイツのマークをつけたドイツ機の編隊が、あるいはイングランド南部の海岸地帯を爆撃し、あるいはハンバー川やテムズ川の河口、ハリッジ港外に機雷を投下していく。ついには、ドイツ軍の一支隊がアイスランドに上陸したとの報《しら》せが入ったが、チャーチル首相はこれに対応する兵力を派遣することを拒否し、イングランド北部の部隊を南下させ、南の沿岸部に増援するように命じた。それによって、イースト・アングリア、ケント、サセックスにすでに配置されていた九個師団に、さらに四個師団が加えられる。(6)

正しい読みであった。九月二十一日午後、英仏海峡の回廊状の横断海域の両側に機雷敷設を完了したドイツ軍は、上陸第一波を運ぶ輸送船団と護衛艦隊を出港させたのである。午後十一時、イギリス軍の武装トロール船がこの船団に接触、ただちに警報を打電した。一時間半後、侵攻近しと告げる「クロムウェル」警報が発令され、それを伝えるために教会の鐘が鳴り響く。午前零時、英本国艦隊も南下を命じられた。

九月二十二日払暁《ふつぎょう》、およそ八千のドイツ軍空挺部隊が、これから上陸してくる味方の前衛となるため、橋頭堡《きょうとうほ》を築く予定の地区の外縁部に降下し、橋梁《きょうりょう》などの重要地点を確保した。続いて、侵攻第一波の歩兵八万が、ケントとサセックスの上陸地点に殺到する。

「ゼーレーヴェ」作戦が発動されたのだ。

ドイツ側の不安の種だった上陸船団の損害は、予想外に少なかった。英軍魚雷艇の攻撃を受けたものの、海岸にたどりついた川船や艀改造の上陸用舟艇のうち、失われたものは二十五パーセントにすぎなかった。

ただし、侵攻最初の二十四時間の航空戦は激烈で、イギリス空軍は二百三十七機（稼働戦力の二十三パーセント）、ドイツ空軍は三百三十三機（同じく二十三パーセント）を喪失したと判定されている。

それに対し、英海軍の行動は低調だった。水雷戦隊の集結が間に合わず、上陸海岸攻撃に向かったのは、ポーツマスから出撃した軽巡洋艦「マンチェスター」と数隻の駆逐艦だけだったのだ。この小艦隊も、上陸船団を護衛していたドイツ側の駆逐艦と高速魚雷艇によって撃破されてしまう。戦艦、重巡洋艦、空母を擁する本国艦隊も、航空攻撃とUボートの危険を恐れ、思い切った攻撃ができなかったのである。

ドイツ軍上陸部隊は、内陸部への前進を開始した。その攻撃により、港湾都市フォークストンとニューヘヴンも占領される。「ゼーレーヴェ」は海を渡り、イングランドの地に上がることにひとまず成功したのであった。

英本土の戦いにおける英軍の戦闘序列

イギリス軍(1940年9月22日)

- 英本土軍(アラン・ブルック大将)
  - 第38(ウェールズ)歩兵師団
  - 第21軍直轄戦車旅団
  - 第４軍団
    - 第２機甲師団
    - 第42(イースト・ランカシャー)歩兵師団
    - 第31独立歩兵旅団戦闘群
  - 第７軍団
    - 第１機甲師団
    - 第１カナダ歩兵師団
    - 第１軍直轄戦車旅団
  - 北部司令部
    - 第１軍団
      - 第１歩兵師団
      - 第２歩兵師団
      - 第45歩兵師団
    - 第10軍団
      - 第54(イースト・アングリア)歩兵師団
      - 第59(スタッフォードシャー)歩兵師団
  - ロンドン地区司令部
    - 第20(近衛)独立歩兵旅団
    - 第24(近衛)独立歩兵旅団戦闘群
    - 第３ロンドン歩兵旅団
  - 東部司令部
    - 第２軍団
      - 第18歩兵師団
      - 第52(ロウランド)歩兵師団
      - 第37独立歩兵旅団
    - 第11軍団
      - 第15(スコットランド)歩兵師団
      - 第55(ウェスト・ランカシャー)歩兵師団
    - 第12軍団
      - 第１ロンドン歩兵師団
      - 第43(ウェセックス)歩兵師団
      - ニュージーランド師団
      - 第１機関銃旅団
      - 第29独立歩兵旅団
  - 南部司令部
    - 第５軍団
      - 第３歩兵師団
      - 第４歩兵師団
      - 第50(ノーザンブリア)歩兵師団
    - 第８軍団
      - 第48(サウス・ミッドランド)歩兵師団
      - 第70独立歩兵旅団
      - 在英本土オーストラリア軍
        - 第18オーストラリア歩兵旅団
        - 第25オーストラリア歩兵旅団
  - 西部司令部
    - 第２ロンドン歩兵師団
    - 第３軍団
      - 第５歩兵師団
      - 第３自動車化機関銃旅団
      - 第36独立歩兵旅団
  - スコットランド司令部
    - 第46歩兵師団
    - 第51歩兵師団

Kieser / Klee / Macksey ほかの諸資料(巻末の主要参考文献参照)により作成

上陸軍潰滅《かいめつ》

しかし、ドイツ軍の侵攻もこれまでであった。九月二十三日、最初の反撃に出た英陸軍部隊は、ヘイスティングスに向かっていたドイツ軍を拒止《きょし》し、ニューヘヴンの西岸地区を奪回したのである。先鋒《せんぽう》となっていたドイツ空挺部隊も、占領したリンプネの飛行場で、海岸後方で待機していた英軍部隊の砲兵射撃により、身動きが取れなくなってしまう。

この段階では、ドイツ軍上陸部隊は、わずかな戦車と小口径の火砲しか陸揚げしておらず、ほとんど小火器のみで戦うはめになっていたのだ。しだいに弾薬が不足してきたことも、ドイツ軍の退勢に拍車をかけた。ドイツ軍司令官は、ロンドン夜間空襲を中止し、その分の航空兵力を地上部隊支援にまわすように要請したが、ヒトラーに拒否された。

作戦開始よりおよそ三十六時間後、九月二十三日の夕暮れまでに、ドイツ軍は十個師団を上陸させてはいた。だが、その多くがイギリス軍の反撃にさらされており、上陸第二波ならびに第三波が、重装備や増援部隊、弾薬をはじめとする物資を届けてくれるのを待ち望んでいる状態だった。

ところが、その第二波と第三波は、いまだフランスの港にとどまっていたのである。ドイツ側は、ドーヴァーとニューヘヴンを占領できれば、困難の多い海岸への上陸ではなく、港湾施設を利用して、容易に揚陸できるようになると期待していたのだ。

英本土の戦いにおける独軍の戦闘序列

ドイツ軍（1940年9月22日、旅団以下の部隊は割愛）

陸軍総司令部（ヴァルター・フォン・ブラウヒッチュ元帥）

- Ａ軍集団（ゲルト・フォン・ルントシュテット元帥）
  - 第16軍
    - **上陸第一波**
      - 第13軍団
        - 第17歩兵師団
        - 第35歩兵師団
      - 第７軍団
        - 第１山岳師団
        - 第７歩兵師団
    - **上陸第二波**
      - 第５軍団
        - 第12歩兵師団
        - 第30歩兵師団
      - 第41軍団
        - 第８装甲師団
        - 第10装甲師団
        - 第29歩兵師団（自動車化）
    - **上陸第三波**
      - 第４軍団
        - 第24歩兵師団
        - 第58歩兵師団
      - 第42軍団
        - 第45歩兵師団
        - 第164歩兵師団
  - 第９軍
    - **上陸第一波**
      - 第43軍団
        - 第26歩兵師団
        - 第34歩兵師団
      - 第８軍団
        - 第６山岳師団
        - 第８歩兵師団
        - 第28歩兵師団
    - **上陸第二波**
      - 第15軍団
        - 第４装甲師団
        - 第７装甲師団
        - 第20歩兵師団（自動車化）
    - **上陸第三波**
      - 第24軍団
        - 第15歩兵師団
        - 第78歩兵師団
- Ｃ軍集団（勲爵士ヴィルヘルム・フォン・レープ元帥）
  - 第６軍
    - 第２軍団
      - 第６歩兵師団
      - 第256歩兵師団

ほかに、空軍の指揮下に第７空挺師団と第22空輸師団が置かれた。

Kieser / Klee / Macksey ほかの諸資料（巻末の主要参考文献参照）により作成

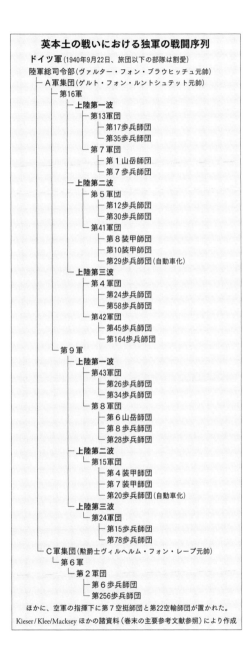

第二波・第三波を出港させるとの命令が下されたのは、ようやく二十三日の晩であり、それもカレーとダンケルクにあった船団に対してのみであった。ル・アーヴルで待機していた船団は、航空支援と海上掩護に不安ありとして、留め置かれてしまった。

だが、出港した第二波・第三波船団は災厄に見舞われる。九月二十四日の黎明時《れいめいじ》に、ケントの上陸海岸を目前にして、巡洋艦十七隻、駆逐艦・魚雷艇五十七隻から成る英艦隊に邀撃《ようげき》されたのである。ドイツ側の上陸用舟艇の六十五パーセント、また護衛していた駆逐艦三隻ならびに高速魚雷艇七隻が撃沈された。この戦果に対して、イギリス側が支払った代価は、Uボートに沈められた駆逐艦二隻、また、巡洋艦二隻と駆逐艦四隻が損傷したのみであった。こうして優勢を得たとみたイギリス側は、英仏海峡に出撃するべく待機せよと、本国艦隊に命じる。

もはや、「ゼーレーヴェ」を継続することはできなかった。上陸したドイツ軍は、二ないし七日分の弾薬しか有していない。今度はドイツ軍がダンケルクを演じる番だった。高速汽船とフェリーが動員され、上陸部隊の撤収にかかる。英空海軍の猛攻にさらされ、大損害を出しながらの退却行は四日間続く。

英本土に取り残されたドイツ軍部隊が降伏したのは、九月二十八日だった。

上陸したドイツ軍部隊約九万のうち、フランスに帰還できたのはわずか一万五千四百名にすぎず、三万三千名が捕虜となり、二万六千名が戦死、一万五千名が溺死したというのが、統裁官たちの判定である。

結語

むろん、これは、ある一つの想定にもとづく実験結果でしかなく、「ゼーレーヴェ」が実行されていたなら、必ずこうなったと断定できるようなものではない。現代のウォーゲーミングでも、そうした問題は残されているのだが、状況の想定やレイティング（rating）、つまり、彼我《ひが》の練度や術力、兵器の性能などをいかに評価するかによって、結果はいくらでも変わってくる。

このグリフィスの設定による図上演習についても、アメリカの戦史家ロバート・フォルジュクは、イギリス側の防衛態勢を過大評価していると批判したし（Robert Forczyk, *We March Against England*）、イギリスの軍事史家ケネス・マクセイが史実をもとに描いた仮想戦記では（Kenneth Macksey, *Invasion*）、ドイツ軍はサンドハースト図演よりもはるかに善戦するものとされている。

さりながら、サンドハースト図演は、実施された一九七四年の時点でできるかぎりのリサーチを加え、しかも、当時従軍していた英独の将校を統裁官・プレイヤーとして行なわれた貴重な試みだったといえよう。

事実、それによって、「ゼーレーヴェ」が抱えていた、英本土侵攻の支援に不可欠であった絶対的航空優勢の欠如、それゆえの英海軍の介入封止の失敗、英仏海峡を越えての増援・補給の困難といった問題点がえぐりだされ、ドイツ上陸軍の潰滅という劇的な結末をみちびきだしたのであった。

もし一九四〇年にドイツが英本土に上陸していたら、という仮想は、戦史ファンにとって、おおいに想像力を刺激するものだろう。

だが、サンドハースト図演は、「見果てぬ夢《ジ・インポッシブル・ドリーム》」はやはり現実には不可能な蜃気楼《しんきろう》であったことを証明したのである。

註

（1）図上演習は地図上で部隊や艦隊を示す隊標を動かし、戦略・作戦次元の諸問題を検討するのに対し、兵棋演習は地図やジオラマの上で模型を使い、戦術次元の行動を検証する。また、盤上に砂を盛り、それで適宜《てきぎ》想定される地形をこしらえ、模型を動かして戦術を練る教育訓練は「砂盤戦術《サンドテーブル・タクティクス》」と称される。

ちなみに、筆者の接した旧日本陸海軍の軍人たちは「兵棋」を「へいき」と発音していたが、自衛隊では「へいぎ」と読ませている。

（2）ドイツ語の「ゼーレーヴェ」（Seelöwe, 英語の sea lion）は、鰭脚類《ききゃくるい》の総称であり、トドとアシカのいずれにも訳し得る。それゆえ、この英本土上陸作戦の秘匿《ひとく》名称についても、「トド」作戦、「アシカ」作戦などの訳語があるが、本章では「ゼーレーヴェ」で統一することとする。

（3）ヒトラーは、ダンケルクでイギリス遠征軍を撃滅する好機を得たにもかかわらず、ドイツ装甲部隊に停止を命じた。それも、致命的な打撃を与えることでイギリスの態度を硬化させ、講和を阻害することを恐れたためだとする論者もいる。

（4）ただし、ダンケルクの敗北からの再建・増強途上にあり、戦力充分とはいえなかった。

（5）日本では「ガーランド」の表記が一般的であるが（英語読みが広まったものか）、ドイツ語の発音にしたがうなら「ガラント」のほうが適切であろう。

なお、ガラントはフランスから移住してきたユグノーの家系であり、フランス語式に「ガラン」と発音させていたとする説もある。

（6）この種の陽動作戦は、実際に「ゼーレーヴェ」に組み込まれ、「秋の旅《ヘルプストライゼ》」の秘匿名称を付せられていた。本図上演習では、ドイツ側チームが「秋の旅」をアイスランドに向けたわけである。

第二章

砂漠機動戦の序幕

――英伊軍の激突（一九四〇年九月―四一年二月）

用兵思想史的重要性

第二次世界大戦の北アフリカ戦線に関して、おおかたの思い浮かべるところは、「砂漠の狐」の異名を取ったエルヴィン・ロンメル将軍指揮のドイツ・アフリカ軍団とイギリス第八軍の大機甲戦といったイメージであろう。独伊枢軸軍の構成をみれば、数的にはイタリア軍こそ、その主力だったのだが、彼らには脇役の地位しか与えられていないようだ。

しかし、大兵力を投入してのエジプト侵攻に踏みきり、北アフリカ戦役の火蓋《ひぶた》を切ったのは、実はイタリア軍であった。それに対し、イギリス軍は機械化された少数の精鋭部隊による反攻を実施、寡《か》を以《もっ》て衆《しゅう》を撃つ成果を上げたのである。(1) この「コンパス」の秘匿《ひとく》名称を与えられた英軍の作戦からは、砂漠の機動戦の一般原則とでもいうべき教訓をみちびくことができた。両軍ともに、以後の戦いでも、そうした基本を守らざるを得なかったのだ。

その意味で、北アフリカの砂漠戦の序幕となった英伊の激突は、用兵思想史的に重要な戦例《せんれい》となっているといえよう。本章では、かかる観点から、日本ではあまり知られていないと思われる、この攻防戦について論述していきたい。

ムッソリーニの野心

ファシスト・イタリアの独裁者、「統領《イル・ドゥーチェ》」ベニート・ムッソリーニが、はたして環地中海世界を征服し、新ローマ帝国を建設することを目的とする、それなりに一貫した政治・戦略構想を追求していたのか、あるいは単に機会主義的《オポチュニスティック》に領土拡張のチャンスに飛びついていただけなのかについては、研究者のあいだにも議論のあるところだ。

ムッソリーニの第二次世界大戦への参戦決定についても、そのような文脈から、長期的な拡張計画の最終的な階梯《かいてい》を踏んだとする説から、ドイツの勝利に眼がくらんだ結果だとするものまで、多様な解釈が存在する。

さはさりながら、一九四〇年六月十日にイタリアがドイツに与《くみ》して、英仏に宣戦布告したときの情勢は、ムッソリーニにとっては千載一遇《せんざいいちぐう》の好機であると思われたにちがいない。盟邦ドイツは西方攻勢に打って出て、イギリス遠征軍（ＢＥＦ）をダンケルクよりの撤退に追い込み、フランス軍主力を駆逐しつつある。すなわち、英仏は自国本土の防衛に手一杯で、イタリアがバルカン半島やアフリカで攻勢に出ても、とうてい対応できないと予想されたのだ。

参戦時、ファシスト・イタリアが領土を拡張する可能性は三つあると考えられた。第一に、イタリア北西部からフランスへの侵攻（フランス降伏後、イタリアは南仏の一部を占領した）。第二は、一九三九年四月に軍を進めて保護領としたアルバニアから、隣接するギリシアに攻め入る（一九四〇年十月に実行）。そして第三に、北アフリカの英仏植民地の奪取である。

この第三の拡張方向においては、大きな戦略的成果が上げられるものと期待された。当時、イタリアの植民地であったリビアは、西でフランスの保護領チュニジアならびにアルジェリア、東でイギリスの支配下にあるエジプト王国[2]と国境を接していた。チュニジアとアルジェリアに関しては、フランスとの休戦後、南仏に置かれた親独的なヴィシー政権の領土と認められたため、手出しはできなくなったものの、東のエジプトへの道はまだ開かれている。

同国を征服すれば、戦略的に重要なスエズ運河を押さえ、紅海《こうかい》沿岸、東アフリカにあるイタリア領土、エチオピア（現エチオピア連邦民主共和国）、エリトリア（現エリトリア国）、ソマリフンド（ほぼ現在のソマリア連邦共和国に相当）への陸上連絡路を打通《だつう》する前提がととのう。

抵抗を続けるイギリスに対し、地中海方面においても圧力をかけてほしいとのドイツの要請もあり、ムッソリーニは、戦力不足を危惧《きぐ》するイタリア軍首脳部の反対を押し切り、エジプト侵攻を命じたのである。

張り子の虎

開戦当時のリビアにおいては、西部トリポリタニア地域に第五軍、また、エジプトとの国境に隣接したキレナイカ地域には第一〇軍が駐屯していた。この二個軍を指揮するのは、リビア総督兼イタリア領北アフリカ方面軍司令官のイータロ・バルボ空軍元帥であった。が、バルボが一九四〇年六月に殉職したのち[3]、ロドルフォ・グラツィアーニ陸軍元帥がその後を襲った。植民地の反乱鎮圧やエチオピア侵略で功績を上げ、軍事的手腕と残虐な手段をもいとわぬ非情さで知られた人物だ。

ムッソリーニ統領よりエジプト侵攻の命を受けたグラツィアーニは、作戦準備を進めた。すでに、チュニジア作戦の見込みがなくなり、国境守備程度の任務しか持たなくなっていた西の第五軍から部隊が抽出《ちゅうしゅつ》され、第一〇軍の指揮下に移されていたのだが、それがいっそう強化され、十五万の大軍に膨《ふく》れ上がったのである。

しかし、グラツィアーニは、イタリア軍の能力に懐疑的であり、エジプト侵攻に反対していた。数は多くとも、機械化率に劣るイタリア軍は、少数でも機動性豊かなイギリス軍に対抗し得ない「張り子の虎」であることを知っていたのだ。

何よりも、一九三〇年代後半より、機動戦に決定的な役割を果たすことがあきらかになった戦車において、イタリア軍は後《おく》れを取っていた（エジプト侵攻開始の時点で、第一〇軍が保有していた戦車は、「豆戦車《タンケッテ》」と通称されるトラクター程度のそれも含めて、およそ六百輛《りょう》にすぎなかった）。

さらに編制《へんせい》上の弱点もあった。一九三七年から三八年にかけて、イタリア陸軍の保有師団数は、四十個師団から七十個師団へと急増した。一見、大拡張をなしとげたかのようだが、わずか一年ほどで、師団数をほぼ倍にするような手品は不可能であろう。そのからくりは、一個師団あたりの兵力を削ることにあった。この陸軍拡張は、一個師団を三単位編制から二単位編制に、つまり、基幹兵力を三個連隊から二個連隊に減らすという措置によって達成されたものだったのである。

名目上は、師団の規模を小さくし、指揮の能率向上をはかって、軽捷《けいしょう》な運用を可能とするとともに、装備の充足密度を高めることが、改編・新編の狙いだとされてはいた。だが、真の動機は、圧倒的な数の陸軍を持ちたいというムッソリーニの要求に応えること、また、師団増設により、余剰将校にポスト配分をはかることにあったという。

けれども、第二次世界大戦に突入すると、このイタリア軍の「改革」は致命的な結果をもたらすことになる。師団の実勢力において、イタリア軍は、他国のどの軍隊よりも劣っていたのだ。北アフリカ戦線の例を挙げれば、イタリア軍の歩兵師団は兵員約七千五百名、野砲・対戦車砲五十二門、自動車・牽引用《けんいん》トラクター四百三十四輛を持つにすぎなかったのに対し、イギリス軍の歩兵師団は、建制《けんせい》で兵員一万八千三百四十七名、野砲・対戦車砲百二十門、自動車・トラック一千六百七十五輛を有していた。これでは、名称こそ同じ師団でも、イタリア軍に勝ち目はあるまい（大木毅「ある不幸な軍隊の物語」／Ralph Riccio & Massimiliano Afiero, '*Luck Was Lacking, But Valor Was Not*'）。

つまり、イタリア第一〇軍は数こそ揃えたものの、質をととのえるには至っていないという、心許《こころもと》ないありさまでエジプト侵攻にのぞんだのである。

「砂漠のネズミ」

一方、アーチボルド・ウェーヴェル大将指揮のイギリス中東方面軍、なかんずく、その麾下《きか》にあった「西部砂漠部隊《ウエスタン・デザート・フォース》」(リチャード・オコナー中将指揮)は、まさしくイタリア軍とは対照的な状態にあった。ウェーヴェルがエジプト正面に投入できる兵力は、わずか三万六千ほどにすぎなかったが、その主力である西部砂漠部隊隷下《れいか》の第七機甲師団と第四インド師団は、機械化が進んだ、精強《せいきょう》な部隊だったのである。

第二次世界大戦前半のドイツ装甲部隊の活躍の前に、イギリス機甲部隊の存在はかすみがちであるけれども、第一次世界大戦末期から両大戦間期における後者の発展は、世界的に認められるような水準に達していた。J・F・C・フラーをはじめとする軍事思想家たちによる機甲戦理論の提唱を受けたイギリス軍は、実験的な機甲部隊の運用を試みるなど、さまざまな取り組みを行なっていたのだ。西部砂漠部隊、とりわけ第七機甲師団は、そうした研究と実践の成果を取り入れた、イギリス軍の最先端を行く部隊であった。

また、砂漠機動戦の主役である戦車の質についても、イギリス軍の保有するI型からIII型までの「巡航戦車」(4)は、イタリア軍の戦車に優《まさ》っていた。加えて、やはり英軍が装備していた「マチルダ」(5)歩兵戦車の装甲は強力で、イタリア軍が装備する対戦車砲では、これを貫通することはできなかった。

かくのごとき質の優位を生かし、彼ら「砂漠のネズミ」たち(第七機甲師団のマークが砂漠の鼠《ねずみ》、サバクネズミカンガルーだったことに由来するニックネーム)は、来《きた》るべき戦闘で、張り子の虎だったイタリア軍をきりきり舞いさせることになる。

作戦《オペラツィオーネ》「E《エ》」の停滞

一九四〇年九月九日、イタリア軍のエジプト侵攻、作戦《オペラツィオーネ》「E《エ》」が発動された。自軍の弱点を知るグラツィアーニとしては攻勢を延期、できることなら中止させたかったことだろうが、ムッソリーニの督促《とくそく》に抗することは不可能だった。前衛の戦闘ののち、十三日に、イタリア第一〇軍は国境を越えて、エジプトに侵入する。最初の目標は、交通の要衝シジ・バラニだった。

しかし、早くもこの時点で、イタリア軍の攻勢は停滞しはじめていた。機械化が充分でないイタリア軍は、第一線を突破、あるいは迂回して、敵の防備がととのわないうちに、その後方に急進するといった戦法を取ることができなかったのだ。なけなしの戦車を集中して、機動的に用いることも行なわれなかった。質量ともに貧弱なイタリア戦車は、もっぱら歩兵の直接支援に使われたのである。

また、約十五万の大軍を維持し得る補給システムなど、どこにも存在していなかったことも暴露された。輸送車輛《しゃりょう》の不足から、物資や補充の輸送がとどこおり、その結果、多くの部隊が足踏みを余儀なくされたのだ。

結局、イギリス軍は遅滞《ちたい》戦術で、イタリア軍先鋒部隊の追撃を鈍らせながら、整然たる退却を実行することに成功した。損害も、ごくわずかでしかない。致命的な打撃をまぬがれた西部砂漠部隊は、メルサ・マトルーを中心とする主陣地とその前衛陣地に収容され、防御を固めた。

九月十六日に第一目標のシジ・バラニこそ占領したものの、かかる窮状《きゅうじょう》におちいっては、攻勢はおぼつかない。グラツィアーニは、作戦続行は無理だと判断し、イギリス軍の主防御帯のはるか手前で第一〇軍を停止させた。野戦築城をほどこされた野営地にこもり、そこを拠点として、進撃再開を可能とするための準備を行なうべきだと考えたのだ。

ところが、十月に開始されたギリシア侵攻がいっこうに進捗《しんちょく》しないばかりか、退勢におちいったのをみたムッソリーニと最高司令部《コマンド・スプレーモ》は、エジプトの戦果でその敗北を糊塗《こと》せんとして、進撃継続を命じてくる。

けれども、グラツィアーニは耳を貸さなかった。ローマが望むスエズ運河占領どころか、つぎの目標であるメルサ・マトルーへの進撃準備をととのえるだけでも、十二月なかばまでかかるというのが、グラツィアーニの判断だったのである。

「コンパス」作戦

しかし、イタリア軍には、再度攻勢に出る用意をするだけの時間が与えられなかった。イギリス軍は、先手を打ってグラツィアーニの動きを封じるべく、すでに反攻計画を策定していたのだ。この「コンパス」と名付けられた作戦は、当初、イタリア軍を撃退するための五日間の短期急襲を企図《きと》していたのみだったものの、状況に応じて戦果を拡張することも考慮に入れられていた。

作戦のポイントは、機動力の優位を生かし、敢えて砂漠を通っての迂回を行なうところにあった。第七機甲師団隷下の第七支援群（自動車化歩兵旅団相当。自動車化歩兵二個大隊に支援の砲兵が付されていた）がソファーフィのイタリア軍を抑える。その一方、同師団の主力と第四インド師団がニベイワとソファーフィのあいだの空隙部《くうげきぶ》を抜け、イタリア軍の後方にまわりこむ。しかるのちに、中東方面軍直属第七王立戦車連隊の歩兵戦車に支援された第四インド師団隷下の一個旅団が、ニベイワを西、つまり背後から攻撃するのだ。そうしてニベイワを占領できたならば、その北東にあるトゥンマール攻略も実施する予定であった。

また、この内陸部の進撃に先駆けて、北の沿岸地帯では、英王立海軍《ロイヤル・ネーヴィ》が艦砲射撃を実施する。同時に、セルビー支隊（アーサー・R・セルビー准将指揮。コールドストリーム近衛《このえ》連隊第三大隊を基幹兵力とし、砲兵をともなう）が、マクティラのイタリア軍野営地を攻撃、そこにいる部隊を拘束するのである。

作戦準備の秘匿も厳重をきわめた。一例を

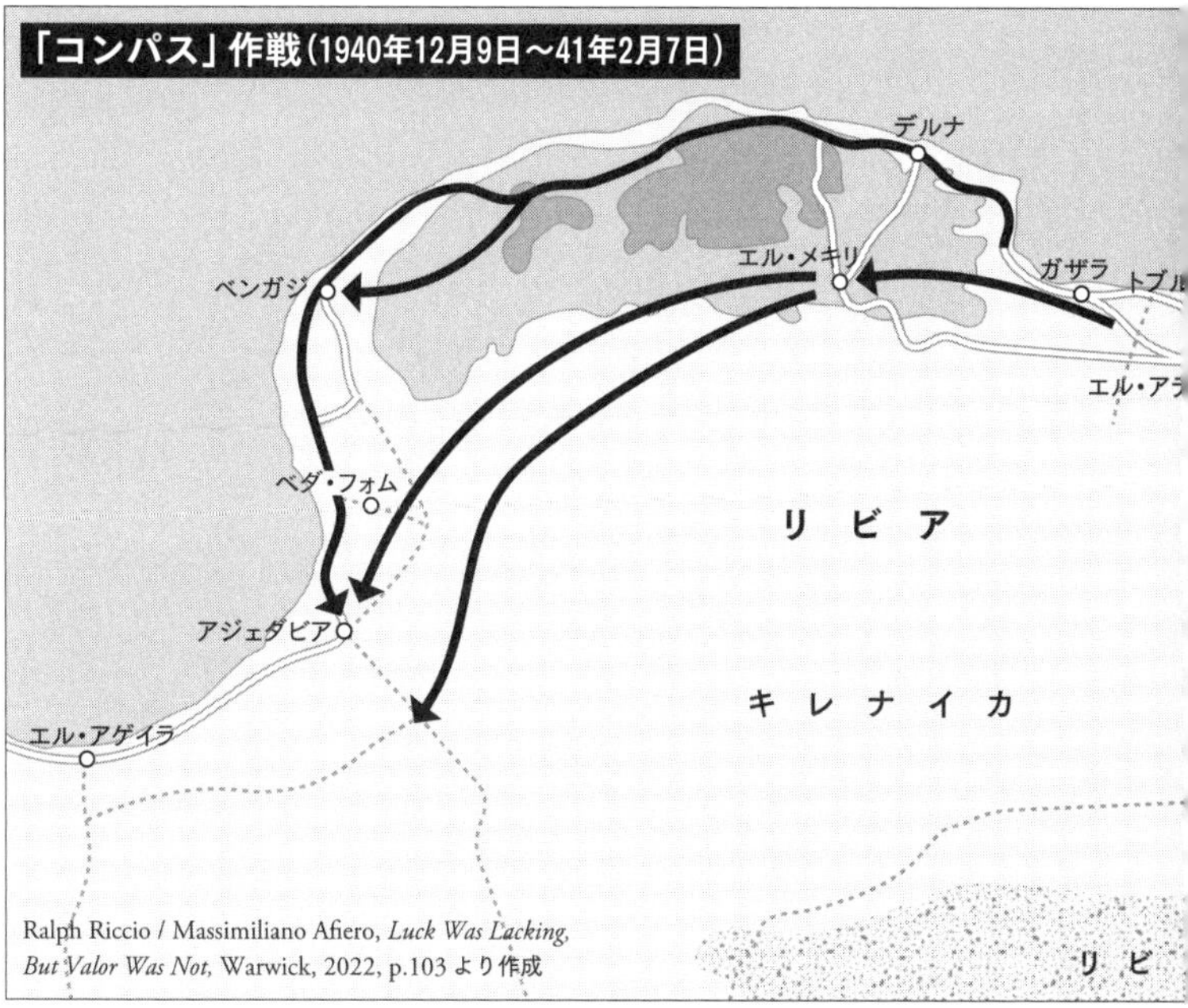

Ralph Riccio / Massimiliano Afiero, *Luck Was Lacking, But Valor Was Not,* Warwick, 2022, p.103 より作成

挙げれば、十一月二十五日から二十六日にかけて、実施部隊の予備演習が行なわれたが、そのためにメルサ・マトルー付近につくられた仮想目標が、ニベイワならびにトゥンマールの地形や陣地を模していることを知っているのは、ごく少数の将校だけだったのだ。

総崩れとなったイタリア軍

十二月七日から八日にかけての夜、イギリス軍の準備砲撃が実行されるなか、第七機甲師団と第四インド師団は、ソファーフィならびにニベイワの南東方面に置かれた出撃陣地に移動した。これから演習をやるのだと聞かされてきた両師団の将兵は、ここで初めて本物の作戦が開始されると教えられたのである。セルビー支隊も前進、九日の夜明けまでにマクティラ南東の配置につき、おとりの模造戦車を組み立てた。イタリア軍に、同支隊の正面、「バルボ海岸道《ヴィア・バルビア》(6)」沿いに主攻が行なわれるのだと思い込ませるためであった。

また、この時点で航空優勢を得ていた英王立空軍《ロイヤル・エア・フォース》が、八日からイタリア軍飛行場に航空攻撃を実施、打撃を与える一方、英王立海軍のモニター艦「テラー」と砲艦「アフィス」がマクティラ、砲艦「レディバード」がシジ・バラニをそれぞれ砲撃し、イタリア軍の注意を沿岸部に引きつけることに努めた。

十二月九日午前五時、砲撃が実施されたのちにイギリス軍はニベイワを攻撃した。コンパス作戦がはじまったのである。第四インド師団隷下第一一インド歩兵旅団は、その指揮下に置かれた第七王立戦車連隊とともに、偵察の結果、もっとも脆弱《ぜいじゃく》であると判明した北西方面からニベイワを攻撃、一時間余でこれを陥落させた。同地のイタリア軍司令官ピエトロ・マレッティ少将は戦死し、二千五百名とされる守備隊のうち、二千が捕虜となった。大量の物資も鹵獲《ろかく》されている。これに対して、イギリス軍の死傷者は五十六名にすぎなかった。

このニベイワの戦いで、イタリア戦車はイギリスのマチルダ歩兵戦車に歯が立たないことも暴露された。マレッティが有していたM11／39戦車のうち、二十三輛が破壊され、残りは英軍の手中に落ちたのだ。

続くトゥンマールの戦闘も、同様にイギリス軍の勝利に終わった。駐屯地とそれを守る陣地の守備に当たっていた第二リビア師団「ペスカトーリ」は、激しく抵抗したものの、再補給を受けた第七王立戦車連隊と砲兵の支援を受けたインド兵の攻撃を拒止《きょし》できず、トゥンマールのほとんどが夜までに占領される。さらに、第七機甲師団隷下第七軽騎兵連隊（装甲車を装備する捜索連隊）は海岸に向かって突進し、シジ・バラニとブク・ブクを結ぶ街道を遮断した。

捕虜となったイタリア軍兵士

かかる敗勢に、マクティラを守っていた第一リビア師団「シベーレ」も退却にかかった。英軍セルビー支隊は、マクティラ西方に部隊を進め、第一リビア師団の退路を断とうとしたが、これは成功しなかった。だが、第四機甲旅団第六王立戦車連隊の巡航戦車による追撃は熾烈《しれつ》をきわめ、そこかしこでイタリア軍を分断、孤立した部隊を降伏させていく。

十二月十日、態勢をととのえた西部砂漠部隊は、シジ・バラニ攻撃を開始した。浮き足立ったイタリア軍には、戦車の支援を受けたイギリス軍に抗するすべはなく、シジ・バラニは夜までに占領された。続いて、シジ・バラニを守っていた第一・第二リビア師団の残存部隊と第四「黒シャツ隊」(7)師団「一月三日」は、英第一六歩兵旅団とセルビー支隊に挟撃《きょうげき》されるかたちとなった。十一日、戦車に支援されたセルビー支隊は第一リビア師団を蹂躙《じゅうりん》、第四「黒シャツ隊」師団を投降に追い込んだ。

のちに、イギリス側が「駐屯地をめぐる戦い《バトル・オヴ・ザ・キャンプス》」と呼ぶようになった、この一連の戦闘で、西部砂漠部隊は、三万八千名におよぶイタリア軍将兵を捕虜とし(うち四名は将官)、大砲二百門ならびに戦車六十五輛を鹵獲した。イタリア軍は、四個師団を喪失し、総崩れとなったのである。かかる大勝利を得るためにイギリス軍が支払った代償は、死傷者約七百名にすぎなかった。(8)

リビアの門を開く

かくのごとき成功に、西部砂漠部隊司令官オコナー中将は、コンパス作戦の拡大・続行を決意した。イタリア軍に打撃を与えることを目的とする、五日間の反攻などという最初の計画はもはや問題にならない。イタリア第一〇軍を殲滅《せんめつ》し、リビア領内へと長駆進撃する好機がころがりこんできたのだ。

しかし、オコナーの戦意に水を差す事態が生起した。十二月十一日、中東方面司令官ウェーヴェル大将が、イタリア領東アフリカにおける戦闘に急遽《きゅうきょ》投入するため、第四インド師団を西部砂漠部隊より引き抜くと通達してきたのである。その穴埋めに、第六オーストラリア師団が与えられるとのことではあったが、同師団はいまだ実戦経験がなく、装甲車輛も有していなかったのだ。したがって、第四インド師団と第六オーストラリア師団の交代は、一時的な攻勢停止と西部砂漠部隊の弱体化をもたらすものと危惧《きぐ》された。

もっとも、この時点では、イギリス軍の進撃は順調だった。十二月十五日までに、西部砂漠部隊は、本来ならば重要な抵抗の拠点となるはずのハルファヤ峠を難なく通過し、サルームとカプッツォ砦《とりで》を奪取、第七機甲師団の先鋒部隊は、バルディアを迂回し、そこから延びる道路を封鎖している。

ただし、西部砂漠部隊の前進は、思いがけぬ困難に直面していた。脱落、あるいは脱走したイタリア軍将兵が道路上にあふれかえり、英軍部隊の行軍を妨げたのである。加えて、予想の二十倍以上に達した捕虜を給養する必要が生じたために、イギリス軍の兵站《へいたん》機構に大きな負担がかかり、自軍部隊への補給も難しくなるというありさまだったのだ。

こうした諸問題の存在にもかかわらず、オコナーは攻勢継続をあきらめなかった。彼は、まずサルーム北西の港湾都市バルディアを奪取し、以後の進撃の足がかりとすることを企図した。

バルディア市を守っているのは、たくわえた豊かな髭《ひげ》にちなんで「電気ヒゲ」のニックネームで知られたアンニーバレ・ベルゴンツォーリ中将指揮の第二三軍団である。その兵力は、第一「黒シャツ隊」師団「三月二十三日」を中心に、撃破された他の師団の残存部隊を集めて、四万以上に達しており、鉄条網や対戦車壕《ごう》を張りめぐらせた縦深《じゅうしん》陣地を構築している。また、四七ミリ砲を主武装とする新型戦車M13／40も若干配備されており、これは英軍戦車に対抗し得るものと思われていた。

それゆえ、第一三軍団（一九四一年一月一日、西部砂漠部隊はこの名に改称された）は慎重になった。約三週間の時を費やし、艦砲射撃や砲爆撃で敵陣地の抵抗力を削《そ》ぎ、麾下部隊の再編成と補給に万全を期した上で、包囲攻撃にかかったのである。一九四一年一月三日、新参の第六オーストラリア師団はバルディアの陣地に突撃し、対戦車壕を占領、その上に通路を構築して、マチルダ歩兵戦車を渡すことに成功した。

マチルダ歩兵戦車という「缶切り」を得て、イタリア軍の陣地はこじ開けられ、二日目にはバルディア市中心部が占領された。それによって、北と南に分断されたイタリア軍守備隊は、三日目の攻撃に耐えきれず、組織的な投降に至る。四万の将兵が捕虜となり、数百門の大砲、およそ百輛の戦車ならびに七百輛ほどのトラックが鹵獲された。

しかし、つぎなる戦いはもうはじまっていた。バルディアが陥落したのと同じ日、第七機甲師団の一部は、リビアの最重要拠点といっても過言ではない港湾要塞都市トブルクに到達し、その封鎖にかかっていたのである。数日のうちに、イギリス軍後続部隊が到着し、同市を包囲した。

だが、トブルク攻略に着手するには、大きな困難があった。第六一シルテ師団と兵営守備隊を合わせて二万五千の兵力を擁するトブルクは、縦深陣地と永久要塞に守られており、バルディア同様、戦車を破城槌《はじょうつい》に使うことが必須と思われた。ところが、長期にわたる進撃と激戦の結果、ほとんどすべての戦車が故障を来《きた》しており、しかも補給部隊に負担がかかり、交換部品等の前送《ぜんそう》がとどこおっていたため、応急修理さえも不可能だったのだ。そのため、オコナーも、戦車ではなく、砲兵に頼っての古典的な攻囲を実行せざるを得なくなった。

けれども、一月二十一日に開始されたトブルク攻撃で、ルーキーと危ぶまれていた第六オーストラリア師団は、めざましい働きをみせた。執拗《しつよう》に抵抗し、ときには逆襲をも辞さなかったイタリア軍を排除し、日暮れまでにトブルクの一部を制圧したのである。翌二十二日、オーストラリア兵たちは、最後のイタリア軍陣地を覆滅《ふくめつ》した。イタリア軍守備隊のうち、二千名が戦死し、二万三千名が捕虜となった。

リビアの門は開かれたのだ。

コンパス作戦発動。北アフリカを進むマチルダII

ベダ・フォムの戦い

トブルク奪取後も、イギリス軍は西進を止めようとはしなかった。第六オーストラリア師団がバルボ海岸道沿いにデルナに向かって突進し、第七機甲師団はリビア北西部の山岳地帯の南を迂回し、街道の結節点エル・メキリを通過して、ベンガジへと向かう計画だ。

しかし、イタリア軍も手をこまぬいていたわけではない。リビアの危機に直面した最高司令部が急ぎ派遣してきた虎の子部隊、勇猛さで名を馳《は》せていたヴァレンティノ・バビーニ准将を長とする戦車部隊を以て、イギリス軍を迎撃させたのである。この、指揮官の名にちなんで「バビーニ特殊装甲旅団」と称された部隊は、志願兵から成り、対戦車戦闘の訓練を受けた戦闘工兵に支援される精鋭だった。装備も、新型のM13／40戦車五十五輛を有していたのだ。

一九四一年一月初頭に北アフリカに到着したバビーニ特殊装甲旅団は、一月二十四日にエル・メキリとベンガジ間の街道で、イギリス第七機甲師団と初めて相見《あいまみ》えた。翌日には、第六オーストラリア師団とデルナ付近で遭遇、激戦に突入する。第六〇サブラタ歩兵師団（増援された第二〇軍団所属）と協同したバビーニ特殊装甲旅団の反撃により、イタリア軍はデルナこそ失陥《しっかん》したものの、初めてイギリス軍の包囲をまぬがれての退却に成功したのであった。

かかる動きをみたオコナーは、イタリア軍がキレナイカを放棄し、エル・アゲイラまで下がるつもりでいると推察した。彼の判断は正しかった。イタリア軍最高司令部は一月末に、まさしくそうした決定を下していたのだ。これを妨げ、イタリア第一〇軍という大きな獲物を得るためには、要港ベンガジの南でバルボ海岸道を封鎖し、敵の退路を断つことだ。

オコナーは、これまで同様、機動力に乏しい部隊に沿岸道路を進ませ、機甲部隊をして砂漠を踏破、敵後方にまわらせることにした。具体的には、第六オーストラリア師団にバルボ海岸道を利用したイタリア軍追撃を実行させる一方、第七機甲師団をアジェダビア北方まで急進さ

「コンパス」作戦の英伊軍戦闘序列(1940年12月9日)

イギリス軍

中東方面軍(アーチボルド・ウェーヴェル大将)
│
西部砂漠部隊(リチャード・オコナー中将)
├第7機甲師団
│　├第4機甲旅団
│　├第7機甲旅団
│　└第7支援群(自動車化歩兵旅団に相当する)
├第4インド師団
│　├第5インド歩兵旅団
│　└第11インド歩兵旅団
├第16歩兵旅団
└セルビー支隊(マトルー守備隊)

イタリア軍

イタリア領北アフリカ方面軍(ロドルフォ・グラツィアーニ元帥)
│
第10軍
├第21軍団
│　├第61シルテ師団
│　└第2「黒シャツ隊」師団「十月二十八日」
├第22軍団
│　├第64カタンザーロ歩兵師団
│　└第4「黒シャツ隊」師団「一月三日」
├第23軍団
│　├第1「黒シャツ隊」師団「三月二十三日」
│　├第62マルマリカ歩兵師団
│　├第63キュレネ歩兵師団
│　├第1リビア師団「シベーレ」
│　└第2リビア師団「ペスカトーリ」
└リビア戦車集団
　　├第1戦車群
　　└第2戦車群

I.S.O. Playfair et al., *The Mediterranean and Middle East, History of the Second World War,* Vol.1, London, 1954/ Pier Paolo Battistelli, *Mussolini's Army at War. Regio Esercito: Commands and Divisions,* Milano, 2021 をもとに、他の資料による修正を加えて作成。連隊以下の軍直属部隊は割愛した。

せるのである。

ただし、砂漠という困難な地形と進撃距離を考えれば、後者の前進には非常な困難があると予想された。そこで、オコナーは一計を案じた。装備を最低限に抑え、高速の車輛を集めた先鋒部隊を編組《へんそ》し、先遣隊として送り込むことにしよう、と。こうしてつくられた「コーム支隊」（ジョン・コーム中佐指揮）は、わずか二千ほどの兵力しかなかったが、友軍に先駆けて進軍し、二月五日午後にはアジェダビア北方三十二キロの地点でバルボ海岸道に到達した。

それから一時間と経たぬうちに、コーム支隊は、退却してきたイタリア第一〇軍麾下部隊との戦闘に突入する。コーム支隊は苦戦したものの、なんとかイタリア軍の突破・後退をくいとめることができた。やがて、第七機甲師団の主力が続々と到着し、砂漠方向へのイタリア軍退路もベダ・フォム付近で封じられた。

翌六日、この退却路を啓開《けいかい》できるかどうかをめぐって、イタリア軍は英軍と激戦を繰り広げることになる。ベダ・フォムの戦いであった。殿軍《しんがり》として、その大半がベンガジにとどまっていたバビーニ特殊装甲旅団が急ぎ呼び寄せられ、イギリス軍の封鎖線を突破すべく、攻撃に投入される。

二月七日、戦闘はクライマックスに達した。バビーニ特殊装甲旅団が最後の攻撃を実施し、一部の戦車は突破に成功したものの、イタリア軍主力の退路を確保するには至らなかったのである。前方は第七機甲師団にふさがれ、後ろからは第六オーストラリア師団に圧迫されて、イタリア第一〇軍の命運はきわまった。
七日正午、第一〇軍は、英第一三軍団に降伏した。イタリア軍の戦死者のなかには、第一〇軍司令官ジュゼッペ・テレラ中将も含まれていた。

結語

コンパス作戦開始から約二カ月間の戦闘で、イギリス軍は八百キロの距離を進撃し、戦車四百輌、大砲一千二百九十二門を撃破、もしくは鹵獲した。得られた捕虜は約十三万で、そのなかには二十二名の将官が含まれている。自軍の損害は、戦死者四百九十四名、負傷者一千二百二十五名であった。

砂漠の機動戦とはどういうものかを見せつける数字ではある。コンパス作戦は、砂の海にあっては、数ではなく質、とりわけ機動力が圧倒的な意味を持つことを証明したのだ。

作戦的には、機械化が充分でない部隊に沿岸道路を進ませて、敵を拘束しながら、機甲部隊が内陸の砂漠を迂回するという策が有効であることもあきらかになった。もっとも、これ以降、イギリス軍は、ヒトラーがイタリア軍を支えるために派遣したロンメル麾下のドイツ軍部隊によって、同様の、しかし、もっと巧妙なやり方で手痛い目に遭《あ》わされることになるのであるが。

けれども、より重要なのは、砂漠の攻勢で補給を維持する困難が明示されたことであったろう。第一三軍団がエル・アゲイラを占領した直後の二月九日、英首相ウィンストン・チャーチルは進撃停止を命じている。その理由としては、もちろんドイツのバルカン介入に備えるということもあったが、さらに前進するには、補給態勢を再構築しなければならなかったという点も大きい。

事実、これから約二年にわたり、イギリス軍と枢軸軍は、作戦上の考慮を優先し、攻勢限界線を越えては反撃に遭って退却するということを繰り返していくのである。

註

(1) 当時の中東方面軍は、ニュージーランド、インド、オーストラリアなど、英連邦諸国の軍隊によって構成されているため、正確には「英連邦軍」と呼ぶべきであろうが、本書では、便宜的に「イギリス軍」ないし「英軍」とする。以下同様。

(2) エジプトは一九二二年に独立したが、なおイギリスの間接支配を受けていた。

(3) 表面的には飛行機事故であったが、友軍の誤射によるものであったとする説も有力である。また、親独路線に反対するバルボを排除しようとしたムッソリーニが仕組んだ暗殺であったとみるジャーナリストなども存在する。

(4) 重装甲よりも速度を重視した設計の戦車。

(5) 歩兵支援・敵陣地突破を主任務とする、低速だが重装甲を備えた戦車。

(6) イタリアがリビアに建設した沿岸道路。バルボ元帥の没後、彼を顕彰して、この名が付けられた。現「リビア海岸高速道」。

(7) イタリアに一党独裁を布いていた国家ファシスト党の準軍事組織。

(8) イタリア側は、戦闘が行なわれた地域にちなんで「マルマリカの戦い」と呼称している。

第四章

無用の出費

──クレタ島の戦い（一九四一年五月－六月）

空挺作戦の明と暗

空挺作戦には華やかな印象がある。選び抜かれた精鋭が落下傘やグライダーで大空から舞い降り、重要地点を奪取する。たしかに、ある種のロマンを刺激する冒険的な戦いぶりだといえよう。

しかしながら、長駆敵陣を衝《つ》くというその本質ゆえに、空挺作戦にはおのずから危険がつきまとう。空からの奇襲によって目標を占領したとしても、敵が動揺から立ち直って反撃に出てきた場合、空挺部隊がそれらを維持するのはきわめて困難だ。空挺部隊は、将兵の士気や練度はともかくとして、物質的には重装備を持たない軽歩兵にすぎないからである。そうして敵中に孤立するかたちになった空挺部隊のところに、味方の地上部隊が駆けつけることができればともかく、救援に失敗すれば大損害は必至となる。

第二次世界大戦中（一九四四年九月）に、オランダを突破してドイツ本土に進攻する目的で、空前の規模の空挺部隊を投入しながら無惨な失敗に終わった連合軍の「マーケット・ガーデン」作戦は、その典型であった。

空輸能力が向上し、初動で重装備を運んだり、攻撃ヘリコプターによる火力支援を得ることができるようになった近年の空挺部隊にもなお、そのような脆弱性《ぜいじゃくせい》はつきまとっている。二〇二二年、ウクライナ侵攻の際に、首都キーウの空港を急襲占領したロシア軍空挺部隊が、後続の空輪部隊、あるいは進撃してくる地上軍の救援を受けることなく潰滅《かいめつ》した事例は記憶に新しいところであろう。

　加えて、空挺作戦には、しばしば作戦・戦術次元のリスクがともなう。開戦劈頭《へきとう》の奇襲・強襲は措《お》くとして、空挺部隊が投入されるタイミングは、敵軍が敗走し、追撃戦の段階に移ったときということが多い。

　かような状態ならば、敵の混乱に乗じて、通常ならば設定しにくい目標に空挺作戦を行なうことも可能となるし、降下後の「空挺堡《くうていほ》」（空挺部隊が降下後に制圧している地域。「橋頭堡《きょうとうほ》」の空挺部隊版と考えてもらってよい）への地上部隊の連結も容易となる。

　だが、そうしたテンポの速い作戦は、往々《おうおう》にして拙速《せっそく》になる。予定目標の偵察や所在の敵戦力の推定も充分ではないし、投入される部隊の作戦準備に万全を期することも難しい。にもかかわらず、空挺部隊の指揮官、もしくは空挺部隊を有する司令官は、敢えて空からの急襲を実行したがる。逆説的なことだが、そうした追撃戦においては、巧遅《こうち》を選べば、その間に地上部隊が設定された目標を占領してしまい、空挺部隊の出番がなくなってしまうがゆえである。

　かかる焦りから、生煮えの状態で強行され、失敗に終わった空挺作戦の例は戦史に少なくない。空挺作戦を成功させるには、さまざまなハードルを乗り越えねばならないのだ。それゆえ、青天の霹靂《へきれき》のごとく要地を奇襲できるという戦略的利点に魅せられ、人的・物的資源の最良の部分を投じて空挺部隊を編成しながら、使いこなせずに終わるということさえある。

第二次世界大戦における空挺部隊は「壮烈で、印象的で、しかも、しばしば有効なものではあったが、やはり贅沢品《ぜいたくひん》であった」との酷評さえ存在するゆえんである（チャールス・マクドナルド『空挺作戦』）。

実は、空挺・空輸部隊が初めて独力で目標を占領し、世界の軍事筋を驚かせたドイツ軍のクレタ島作戦も、かくのごとき矛盾を抱えていた。しかもそれは、作戦の指揮を執ったクルト・シュトゥデントという歴史的個性によって、拡大されていたのである。本章では、そのような戦略・作戦次元の問題に注目しながら、クレタ島の戦いを検討していくことにしよう。

空挺作戦を渇望する将軍

一九四一年四月、ナチス・ドイツは、ユーゴスラヴィアとギリシアに対する戦争を開始した。前年、ドイツの盟邦であるファシスト・イタリアがギリシアに侵攻したものの、手痛い反撃に遭《あ》い、バルカン半島方面の戦況は膠着《こうちゃく》していた。だが、ユーゴスラヴィアで反独クーデターが起こったのを契機として、ドイツ総統アドルフ・ヒトラーはバルカンへの介入を決意したのである。

強大な空軍の支援のもと、装甲部隊を先陣に立てて攻め入ったドイツ軍に、小国ユーゴスラヴィアとギリシアの軍隊、さらには、彼らを支援したイギリス軍も太刀打《たちう》ちできず、なだれを打って敗走した。ユーゴスラヴィアは約十日で制圧され、四月十七日に降伏する。ギリシア本士も二十日ほどで占領され、ギリシア政府は南のクレタ島に逃れる。

この電撃的な勝利を、切歯扼腕《せっしやくわん》の思いで注視していた将軍がいる。ドイツ空軍のクルト・シュトゥデント航空兵大将、「降下猟兵《ファルシルムイェーガー》」[1]部隊の創始者として知られた人物だ。彼は早くから空挺作戦の可能性を認め、降下猟兵部隊の育成と運用の研究に努めてきた。第二次世界大戦がはじまるや、シュトゥデントはその降下猟兵を率い、ノルウェーやオランダへの侵攻に際して空挺作戦を敢行、大きな戦果を上げた。いわば、降下猟兵のボスともいうべき存在である。

ドイツがバルカンに介入した時点では、第一一空挺軍団長[2]に補せられていたシュトゥデントは、かかる経歴から、また、自らが拠《よ》って立つ降下猟兵という新兵科の利害を守るためにも、その存在意義を示さなければならないと考えていた。これまでのような小部隊による奇襲にとどまらず、空挺部隊には戦略・作戦次元でも決定的な威力があることを証明するのだ、と。

シュトゥデントはギリシア侵攻において空挺作戦を実行すべしと強硬に主張した。実際、サロニカ付近やコリント運河の橋梁《きょうりょう》などで、小規模な作戦は実施されたのだけれども、この程度では空挺部隊の真価が発揮されたとはいえない。しかも、一部の攻撃は失敗していた。シュトゥデントは、直属上官である第四航空軍司令官アレクサンダー・レーア航空兵大将（五月三日、上級大将に進級）に、空挺作戦の計画を矢継《やつ》ぎ早《ばや》に提案した。

エーゲ海中部のキクラデス諸島のうち、一つ、もしくは複数の島を占領するのはどうか。キプロス島やクレタ島は、空挺作戦の目標にするだけの価値があるのではないか？

シュトゥデントのたびたびの要請を受けたレーアは、一九四一年四月十五日、ドイツ空軍総司令官ヘルマン・ゲーリング国家元帥《ライヒスマルシャル》（「元帥」の上に特設された階級）に空挺部隊によるクレタ島攻略の計画案を提出した。史料的には確認できないのだが、シュトゥデントが空挺作戦の専門家であり、降下猟兵投入の主唱者であったこと、また、つぎに触れるヒトラーへの説明の場にも派遣されていることから推測して、この計画は彼が起案したものと考えてよかろう。

いずれにしても、ゲーリングはクレタ島空挺作戦を支持した。同島を占領すれば、東地中海におけるイギリスの海上交通路攻撃のために、絶好の基地が得られるとみたのである。ゲーリングは、ウィーンの南、メーニヒキルヒェンに総統専用列車を進めて司令部としていたヒトラーのもとに、シュトゥデントと空軍参謀総長ハンス・イェショネク航空兵大将を派遣し、計画の説明に当たらせることにした。

四月二十一日、総統に面会したシュトゥデントは熱弁を振るった。ヒトラーは必ずしもクレタ島攻略に積極的ではなかったが、シュトゥデントに説得され、作戦実行を許可した。おそらくは、イギリス軍のクレタ島保持を許していれば、その航空基地から、ドイツの戦争継続にとって不可欠のプロエシュチ油田《ゆでん》（ルーマニア）が爆撃されると危惧したのが決め手となったのではないかと推測される。ただしヒトラーは、準備期間が短くなるけれども、五月中旬には作戦を発動せよと条件を付けていた。

一九四一年四月二十五日、総統指令第二八号が下令される。「東地中海における対英航空戦遂行の基地として、クレタ島占領を準備すべし(『メルクーア』作戦)」(*Hitlers Weisungen für die Kriegführung 1939-1945*, herausgegeben von Walther Hubatsch. 強調原文)。[3]

惨戦《さんせん》の萌芽《ほうが》

総統指令を受けて、作戦実行にあたる第四航空軍は急ぎ「メルクーア」の細目を策定した。航空優勢の確保と地上部隊の支援には、第四航空軍麾下《きか》の第八航空軍団があたる。指揮官は男爵ヴォルフラム・フォン・リヒトホーフェン航空兵大将で、地上部隊との協同作戦には定評がある人物だった。[4]

第一撃を受け持つのは、第一一空挺軍団所属の第七空挺師団である。この師団が降下し、飛行場を占領したのちに、同じく第一一空挺軍団に配属された第五山岳師団が増援される。

問題は、第七空挺師団の攻撃の重点をどこに置くかである。レーア第四航空軍司令官は、首《しゅ》府《ふ》ハニア(日本では「カニア」の表記も多用されている)ならびに、その近郊でクレタ島最大の飛行場があるマレメを確保し、しかるのちに東に進撃することを考えたが、シュトゥデントはこれに対し、あらゆる重要地点を同時に攻撃すべきだと主張した。空挺攻撃で飛行場のすべてを奪取してしまえば、そこに増援の山岳猟兵《ゲビルクスイエーガー》部隊を空輸し、クレタ島全土を占領させることができるというのだ。

作戦次元における知識と経験が、シュトゥデントに不足していたことが露呈した瞬間であった。この降下猟兵部隊の創始者は、高級統帥の教育訓練を受けたことがなかったのである。ここで、彼の前半生を概観しておこう。

一八九〇年にザクセン地方のビルクホルツに生まれたシュトゥデントは、早くから軍人を志し、一九一〇年に陸軍に入隊した。一九一三年から一四年にかけて操縦訓練を受け、飛行士免許を取得しており、第一次世界大戦では戦闘機パイロットとして従軍している。ドイツが戦争に敗れ、ヴェルサイユ条約により保有兵力が制限されてからも、シュトゥデントは陸軍に残ることができた。しかし、短期間、隊付勤務を経験しているのを除けば、もっぱら航空技術・搭乗員養成関係の部署にまわされていたのである。

その結果、第一次世界大戦で地上戦闘を経験せず、戦術的な能力をみがく機会を得られなかったシュトゥデントは、軍、軍団、師団といった大規模団隊を動かすのに必要な、陸軍大学校、もしくはそれに相当する機関での参謀教育を受けられなかったのであった。

ドイツの軍人研究者、ギュンター・ロート退役准将は、かかるキャリアが高級統帥における能力不足につながったとみており、「一九三八年七月四日に、編成中だった降下猟兵師団の指揮を継承した際(5)、シュトゥデントは、戦略・作戦・戦術のすべてのレベルで知識と能力に欠けていた」と、辛辣《しんらつ》な評価を下した（Günther Roth, *Die deutsche Fallschirmtruppe 1936-1945*）。「メルクーア」作戦の立案と実施の過程を観察するかぎり、それは正鵠《せいこく》を射《い》ているといわざるを得ない。

シュトゥデントは、戦力集中と重点形成という作戦・戦術上の基本を無視し、クレタ島に点在する飛行場をはじめとする目標のすべてを初動で奪取しようとした。空挺作戦の奇襲効果と手塩にかけた降下猟兵の精強《せいきょう》さを過信したものと推測されるが、それは、当時のドイツ軍の空輸能力に鑑《かんが》みれば、あらゆる攻撃地点において兵力が不足するという事態を招きかねない策だったのだ。

事前の偵察による敵情把握も適切とはいえなかった。シュトゥデントは、クレタ島の守備隊はギリシア本土から逃れた敗残兵の寄せ集めであり、兵力は少なく、戦意も低いと判断し、一個空挺師団ならびに一個山岳師団ですぐに駆逐できると考えていたのである。かかる楽観のままに、「メルクーア」作戦の計画は、装備・物資の不足を充分に顧慮することなく、性急に立案・準備された、ずさんなものとなった。

いわば、ドイツ軍のクレタ島空挺作戦は、発動前の時点ですでに惨戦《さんせん》の萌芽《ほうが》をはらんでいたといえる。実は、彼らがあなどった敵、クレタ島の連合軍は、ドイツ軍の暗号電報を傍受解読し、攻撃近しとみて、飛行場を中心に防御を固めていたのだ。結論を先取りするならば、降下猟兵たちは兵力を分散した状態で、陣地にこもった強力な敵部隊に遭遇するはめになった。

作戦終了後に第一一空挺軍団が出した戦闘詳報から引用しよう。

「クレタ島の英軍地上部隊は、〔中略〕予想のおよそ三倍ほどの兵力を有していた。同島の戦闘地域は、最大級の注意を払い、可能なかぎりのあらゆる手段を用いて、防御準備をととのえていた……。すべての陣地がきわめて巧妙に偽装されていた……。情報の欠如により、敵情を正確に把握できなかったことは、第一一空挺軍団の攻撃を危険にさらし、並外れた過大な損害をもたらしたのだ」(ウィンストン・チャーチル『第二次大戦回顧録』)。

ともあれ、最終的な作戦計画は、レーアとシュトゥデントの案を折衷《せっちゅう》したようなものとなった。シュトゥデントの望む多数の目標への同時攻撃を実行しようとしても、空挺部隊の降下地点すべての上空で安全を確保できるだけの兵力はないと、航空支援の責任を負うリヒトホーフェン第八航空軍団長が難色を示したためである。

それゆえ、第一波は作戦発動日朝に、レーアが重視したハニアとマレメを、ついで午後には第二波が、やはり飛行場があるレティムノとイラクリオを攻撃することとなった。なお、作戦発動日は当初五月十八日と定められていたが、輸送機の燃料準備が間に合わず、二日の延期を余儀なくされている。

待ち構えていたイギリス軍

一九四一年五月二十日早朝、クレタ島西部の空は、鉄十字の国籍マークを付けた航空機の大群がとどろかす爆音に包まれていた。午前七時十五分、リヒトホーフェンの爆撃機編隊がハニ

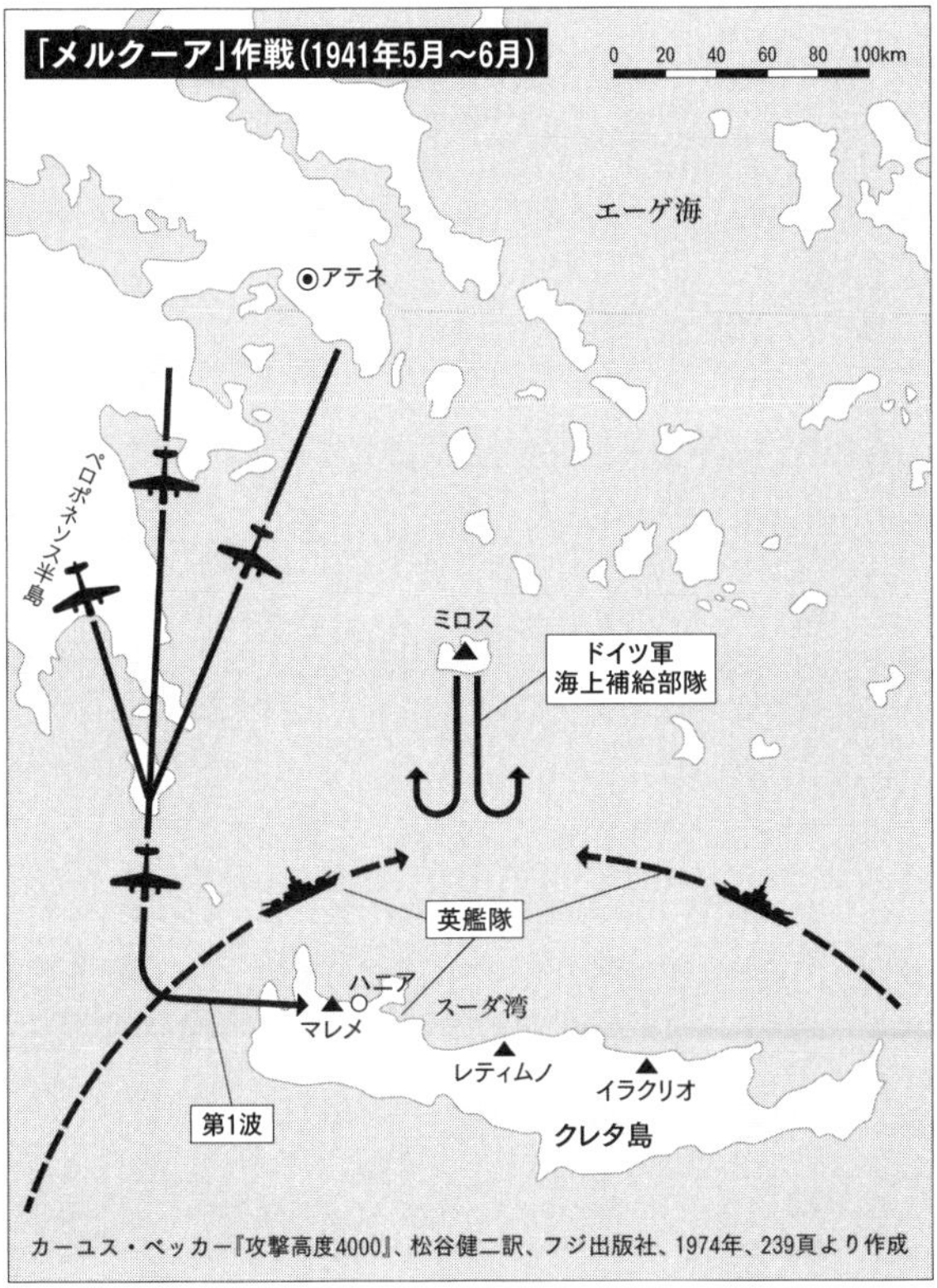

カーユス・ベッカー『攻撃高度4000』、松谷健二訳、フジ出版社、1974年、239頁より作成

アならびにマレメ付近に対する攻撃を開始し、イギリス軍の高射砲陣地を沈黙させる。この爆撃遂行中に、島の沖合で曳航《えいこう》してきたJu－52輸送機から切り離された、グライダー五十三機が突進し、マレメ飛行場の西に強行着陸する。グライダーから飛び出してきたのは、空挺突撃連隊《ルフトランデ・シュトゥルム・レギメント》第一大隊隷下《れいか》の二個中隊だった。続いて、同連隊の第二、第三、第四大隊が落下傘降下にかかる。空挺突撃連隊を主体とする西部集団《グルッペ・ヴェスト》が第一波攻撃隊として、最初に

クレタ島に殺到したのだ。

しかし――着地直後、それどころか、落下傘降下中の宙に揺れているときから、彼らは激烈な銃火にさらされた。降下空域の地上にあったニュージーランド第五歩兵旅団は、圧倒的な光景に動じることもなく、堅固な陣地から降下猟兵たちに防御射撃を浴びせてきたのである。多くの将兵が空中で戦死、もしくは負傷した。作戦初日にマレメ飛行場を奪取し、空輸により増援を運び込むという任務を果たすことは不可能になった。西部集団は、飛行場外縁部にたどりついたものの、イギリス軍の抵抗をくじくことはできず、攻撃中止を強いられる。

「奇襲」されたのはイギリス軍ではなく、降下猟兵の側であることはあきらかだった。ドイツ軍はそうとは知らぬまま、自分たちにはない重装備を持ち、数も多く、しかも防御陣地の有利を生かした敵を攻撃していたのである。西部集団の第一波についていうなら、最初に降下した二千人弱はおよそ一万二千人の敵に対していた。これでは、彼ら、先陣を切った降下猟兵の半数ほどがたちまち死傷したというのも無理はあるまい。

イギリス軍は、傍受した無線暗号通信を解読していたのに加えて、ギリシア本土に大量の輸送機が集結しているとの情報を得ており、ドイツ軍は必ずや空挺作戦を実行するものと判断していた。それを受けて、クレタ島防衛軍の司令官、第一次世界大戦で英軍最年少の将官というレコードをつくったこともある、ニュージーランドのバーナード・フレイバーグ少将は、三カ所の飛行場を中心に強固な陣地を築いていたのだ。その兵力も、ドイツ軍の予想をはるかに上回るものだった。ニュージーランド第二師団を基幹として、オーストラリア軍やギリシア軍の部隊を加え、およそ四万二千人の将兵を有するまでになっていたのである。

　さらに、第二波の攻撃部隊も災厄に見舞われた。第一波を運んだのち、ギリシア本土に取って返した輸送機によって、この第二波は運ばれるはずだった。ところが、給油や再整備に手間取ったこと、また大編隊の発着により、もうもうたる砂煙《すなけむり》が飛行場にたちこめ、発進が不可能となったことにより、第二波の発進は遅延する。第二波、中部集団《グルッペ・ミッテ》（第三降下猟兵連隊基幹）のレティムノ地区への降下は午後四時十五分、イラクリオへのそれは午後五時半になった。計画では、午後一時十五分に降下する予定であったから、大幅な遅れが生じていた。

クレタ島空挺作戦　©Arthur Conry

　この遅れは大きな影響を与えた。レティムノならびにイラクリオ地区の英軍陣地を制圧するための爆撃は、輸送機の発進遅延にもかかわらず、予定通りに実行されていたのである。この爆撃と空挺降下のあいだに生じた隙《すき》に、英軍は応急処置をほどこして、防御陣地を修復していたのだ。当然、第二波の降下猟兵たちも、イギリス軍の火網にはまりこみ、甚大《じんだい》な損害をこうむった。さらに着地後は、戦車の反撃を受け、充分な対戦車兵器を持たぬドイツ軍はさらに打撃を受けた。

結局、「メルクーア」作戦初日に投入された第七空挺師団の諸部隊は、ただの一つも目標を奪取できず、流血を重ねるばかりだったのである。

戦術的成功に救われる

しかし、「メルクーア」作戦の実施責任者であるシュトゥデントは、こうしたクレタ島の状況について、第二波の降下開始直前まで何の情報も得られぬままにいた。強力な無線機を積んだグライダーが墜落したため、西部ならびに中部集団は、アテネに置かれた第一一空挺軍団司令部との連絡が取れなくなっていたのだ。第七空挺師団長ヴィルヘルム・ジュースマン少将が、クレタ島に向かう途上で乗機の事故により殉職したことも混乱に拍車をかけた。

五月二十日午後四時過ぎ、ようやく無線報告が入る。それによってクレタ島の戦況を知ったシュトゥデントは、飛行場はまったく占領できておらず、しかも降下猟兵たちの損害がすさまじいものになっていることに愕然《がくぜん》とした。かかる窮境《きゅうきょう》にあっては、シュトゥデントといえども、兵力集中の原則に立ち返らないわけにはいかない。彼は、持てる兵力のすべてをマレメ地区につぎこみ、何としても飛行場を奪取するように命じた。その決断によって、計画段階での自らの誤りを認めたかたちである。

だが、シュトゥデントはなお幸運なファクターに恵まれていた。

一つには、戦闘初日の成功にもかかわらず、イギリス軍が、航空優勢を得たドイツ空軍が縦《じゅう》横無尽《おうむじん》に繰り広げる爆撃に動揺しはじめていたことがある。また、通信手段が充分でなかったため、クレタ島防衛軍の司令官フレイバーグは麾下部隊の現状を正確に把握できず、ドイツ軍の圧力を実際以上に大きなものに感じていたことも、シュトゥデントにとって有利に作用した。

もう一つは、現場の降下猟兵が恐るべき消耗に耐えながら、なお戦意を失っていなかったことであった。とくに、いわゆる瞰制《かんせい》地点、マレメ飛行場を見下ろす一〇七高地における成功が大きい。五月二十日には何一つ良いことがなかったようではあったが、この日の夜に空挺突撃連隊はからくも一〇七高地の頂上を奪取していたのだ。この攻撃を指揮した突撃班の指揮官は、こう述懐している。「われわれにとっては幸いなことにニュージーランド兵は逆襲してこなかった。もし、そうなっていたら、弾薬がなくなっていたから、石と小型ナイフで守るしかなかったろう」（カーユス・ベッカー『攻撃高度4000』）。

まさしく「幸いなこと」ではあった。イギリス軍が一〇七高地を取り返すチャンスは、この二十日から二十一日にかけての夜しかなかったのである。一夜明けて日の出を迎えれば、ドイツ側は航空支援を得られるから、奪還はきわめて困難になるのだった。

事実、マレメ飛行場を制圧できる一〇七高地をドイツ軍が押さえたことは、クレタ島の戦いの分水嶺《ぶんすいれい》になっていく。戦術的成功が、作戦次元の失敗をカバーした、珍しい例といえる。

クレタ島占領へ

二十一日早朝、数機のJu－52輸送機がマレメの西方で着陸態勢に入った。むろん、イギリス軍の射撃を浴びるのは必至であるが、パイロットたちは意に介していない。彼らは、マレメ飛行場攻略のために必要な弾薬を、何としても降下猟兵に届けよとの厳命を受けているのだった。続いて、急降下爆撃機の支援を受けた降下猟兵が一〇七高地を完全占領する。これで、マレメ飛行場を多正面から攻撃する態勢がととのった。午後四時、飛行場をめぐる戦闘のただ中に、第五山岳師団からの増援部隊を乗せたJu－52が飛来する。これらは対空砲火をかいくぐって、着陸を強行した。機内から吐き出された山岳猟兵の応援を得て、降下猟兵は午後五時にマレメ飛行場を奪取したのである。

その夜、イギリス軍は反撃に出て、飛行場近くまで迫ったが、夜明けとともにドイツ空軍の攻撃を受けて、撃退されてしまう。

潮目は変わり、戦運はドイツ側にまわってきた。

もっとも、二十一日の夜から翌日の朝にかけて、海上から護送船団によってクレタ島に増援の山岳猟兵部隊を送り込む試みがなされたけれど、いずれも英海軍によって撃退された。ドイツ軍は空を制してはいたものの、海上はまだイギリス軍のものだったのだ。それゆえ、ドイツ側は、いよいよ航空機による増援・補給に頼らざるを得なくなった。

ここまでみてきたように、「メルクーア」作戦は必ずしも、経空《けいくう》攻撃だけでクレタ島を占領することを企図《きと》していたわけではない。だが、こうした状況に追い込まれたためにそうするしかなくなったのである。

ドイツ空軍のスーダ湾爆撃。二隻の船が炎上している

五月二十二日、ドイツ軍はマレメ飛行場周辺のイギリス軍を駆逐し、本格的な増援部隊と物資の空輸を開始した。Ju－52がひっきりなしに飛来し、第五山岳師団の猟兵たちを運び込む。その頻度《ひんど》は、一時間あたり二十機が着陸した割合になるという。また、ドイツ空軍は、海上輸送を阻んでいる英海軍部隊の攻撃に取りかかり、損害を与えていった。

かくて状況が好転したのを幸い、シュトゥデントは、第一一空挺軍団に島の南部を占領するよう命じた。対するフレイバーグとしては、可能なかぎりの抵抗を行ないつつ、じりじりと下がっていくしかないが、そうして時間を稼ぐにも限界があった。

首府ハニアが陥落した五月二十七日の夜、イギリス軍はクレタ島撤退の決断を下す。二十八日にはスーダ湾の港湾がドイツ軍の手中に落ち、二十九日にはレティムノの守備隊が降伏する。イギリス軍の退却が、ダンケルクのそれを想起させるような、苦難にみちたものであったことはいうまでもない。それでも英海軍は、救出作戦が終了する六月一日までに、約一万七千人をクレタ島から運び出している。

こうして、ドイツ軍のクレタ島空挺作戦は完了した。しかしながら、クレタ島をめぐる戦いは、これで終わったわけではない。これもドイツ軍にとっては予想外のことであったが、イギリス軍が去ったのちも、同島の住民は抵抗運動を続け、占領軍相手に戦闘を繰り広げたからである。

シュトゥデントは、この「戦い」にも関与していた。彼は、クレタ島占領直後にパルチザンの攻撃に対する「報復」としての住民処刑を許可し、また捕虜の虐待や殺害を看過《かんか》していたのだ。(6)

結語

作戦目標のクレタ島を占領したという点では、「メルクーア」作戦は成功したといえる。だが、ドイツ軍が同島を戦略的に活用することはついになかった。「メルクーア」作戦終了から三週間後の六月二十二日、ドイツがソ連に侵攻したためである。東地中海のイギリス軍の海上交通、あるいは北アフリカの連合軍拠点に脅威を与えるはずだったドイツ空軍の主力はロシアに投入されてしまい、クレタ島の航空基地や港湾は二次的な重要性しか持たなくなってしま

クレタ島の戦いにおける英独両軍の戦闘序列

イギリス軍(1941年5月20日)

クレタ島防衛軍司令部(バーナード・フレイバーグ少将)
- 第3軽騎兵連隊B中隊
- 第7王立戦車連隊B中隊
- 王立ウェールズ連隊第1大隊
- ニュージーランド第2師団
  - ニュージーランド第27機関銃大隊
  - ニュージーランド第5野砲連隊
  - ニュージーランド第4歩兵旅団(旅団隷下部隊は割愛。以下同様)
  - ニュージーランド第5歩兵旅団
    - ギリシア第1歩兵連隊
  - ニュージーランド第10歩兵旅団
    - ギリシア第6歩兵連隊
    - ギリシア第8歩兵連隊
- イギリス第14歩兵旅団
  - オーストラリア第4大隊(第七次)
  - ギリシア第3歩兵連隊
  - ギリシア第7歩兵連隊
  - ギリシア留守大隊
- オーストラリア第19歩兵旅団
  - ギリシア第4歩兵連隊
  - ギリシア第5歩兵連隊
  - ギリシア憲兵隊
- 機動基地防衛団
  - 王立砲兵隊第15沿岸連隊
  - 王立海兵隊「S」混成大隊
  - 王立ライフル兵団第1大隊(レンジャー部隊)
  - 王立砲兵隊第102対戦車連隊
  - 王立砲兵隊第106軽高射砲連隊
  - オーストラリア第16旅団混成大隊
  - オーストラリア第17旅団混成大隊
  - ギリシア第2歩兵連隊
  - 王立海兵隊第2重高射砲連隊

ドイツ軍(1941年5月20日)

第4航空軍(アレクサンダー・レーア上級大将)
- 第8航空軍団(男爵ヴォルフラム・フォン・リヒトホーフェン航空兵大将)
- 第11空挺軍団(クルト・シュトゥデント航空兵大将)
  - 空挺突撃連隊
  - 第7空挺師団
    - 第1降下猟兵連隊
    - 第2降下猟兵連隊
    - 第3降下猟兵連隊
  - 第5山岳師団
    - 第85山岳猟兵連隊
    - 第95山岳猟兵連隊
    - 第100山岳猟兵連隊
    - 第141山岳猟兵連隊(第6山岳師団より配属)

Antony Beevor, *Crete. The Battle and the Resistance*, paperback edition, London, 2005, pp. 345-348 に、他の資料による修正を加えて作成

った。

　にもかかわらず――この島を得るために、ドイツ軍が支払った代償はきわめて大きかった。志願兵を集めて猛訓練をほどこしたエリート、降下猟兵のおよそ三千名が戦死、もしくは行方不明となったのだ。

　あまりの損害の大きさに驚いたヒトラーが、以後大規模な空挺作戦は実施しないと決定したのも当然であろう。シュトゥデント自身の言葉を借りれば、「クレタ島は、ドイツ空挺部隊の墓場」だったのである（前掲『空挺作戦』）。以後、ドイツ降下猟兵は、優良な歩兵部隊としてしか使われなくなった。

　かかる凄惨《せいさん》な結果は、空挺作戦が宿命的に持つ危険性が極大化されたかたちで現出したものとみることもできよう。さりながら、シュトゥデントの指揮官としての能力不足が、その危険を増幅させたことも否定できないように思われる。

註

（1）「猟兵《イェーガー》」はもともと、十七世紀にドイツの諸侯が領内の猟師《イェーガー》（ドイツ語の「イェーガー」は元来「猟師」の意）を集めて編成した軽歩兵部隊の名称であった。いかなる地形をも踏破する機動力を持ち、射撃に長《た》けた猟兵は、さまざまな戦場で活躍し、精鋭の名をほしいままにした。第二次世界大戦時のドイツ軍は、空挺部隊や山岳部隊にこの猟兵の名を使い、それぞれ「降下猟兵」、「山岳猟兵」と称したのである。ちなみに、現代のドイツ連邦《ブンデス》国防軍《ヴェーア》においても、それらの兵科名は継承されている。

(2) 原語は Fliegerkorps で直訳すれば「飛行軍団」だが、航空部隊と誤認される恐れがあるため、「空挺軍団」と意訳する。後出の「空挺師団」(Flieger-division)も同様。

(3) 「メルクーア」は、ギリシア神話の神「ヘルメス」のドイツ語呼称であり、また、それに由来する「水星」や「水銀」の意味もある。

(4) 彼は、第一次世界大戦で「赤い男爵《レッド・バロン》」として知られた撃墜王マンフレート・フォン・リヒトホーフェンの従弟《いとこ》である。

(5) シュトゥデントは一九三三年に、陸軍から、ドイツが極秘裡《り》に創設準備を進めていた空軍に転属していた。

(6) 戦後の一九四六年、シュトゥデントは戦争犯罪人の嫌疑で軍事裁判の被告となり、この件を含む訴因五個のうち三個につき有罪との判決を受けて、五年の禁固刑を宣告された。ただし、一九四八年に健康上の理由で釈放されている。

第五章

幻想の「重点」

——「バルバロッサ」作戦（一九四一年六月―十二月）

「人格なき人間」

戦争とは何かを追求した名著『戦争論』をものした、プロイセンの用兵思想家カール・フォン・クラウゼヴィッツは、「重点《シュヴェーアプンクト》」の概念を用いて、何が戦争の勝敗を決するファクターなのかを考察した。

クラウゼヴィッツによれば、敵のあらゆる力と活動の中心こそが重点であり、これを全力で叩かねばならない。敵の軍隊が重点であれば、それを撃滅し、党派的に分裂している国家であれば、首都が重点となるから、これを占領する。同盟国頼みの弱小国であれば、その後ろ盾となる国が派遣する軍隊が重点であるから、その主力を撃破しなければならないと、『戦争論』には記されている。

この思想はプロイセンから、同国を中心に統一されたドイツの軍隊に受け継がれた。第一次世界大戦のタンネンベルク包囲殲滅《せんめつ》戦で大功を上げ、国民的英雄となったパウル・フォン・ヒンデンブルク元帥などは、「重点なき作戦は、人格なき人間と同じである」とまで言い切っている。

にもかかわらず――かような思想を叩き込まれていたはずのドイツの参謀将校たちは、第二次世界大戦で重点を明確に定めることなく作戦を立案し、「人格なき人間」の振る舞いを演じた。史上最大の陸上作戦となった一九四一年のソ連侵攻である。当然のことながら、この侵略は行き詰まり、ドイツ軍は決定的な戦果を得られないまま、ソ連の首都モスクワをめぐる攻防戦で一敗地にまみれることとなった（ソ連の地名は歴史的なものとして、当時のロシア語呼称にもとづくカナ表記を用いる。以下同様）。

それまで連戦連勝を続けてきたナチス・ドイツの総統アドルフ・ヒトラー、そして、選良中《せんりょう》の選良であったはずのドイツ国防軍《ヴェーアマハト》の参謀将校たちは、なぜ、かくのごとき愚行をしでかしたのであろうか。彼らの失敗の過程をたどれば、作戦立案時点ですでに決定的な誤断が内包されていたことが見て取れる。

『戦争論』を著したカール・フォン・クラウゼヴィッツ

本章では、ドイツのソ連侵攻のクライマックスになったモスクワ攻防戦までの経緯に焦点《しょうてん》を当てつつ、その勝敗の構造を分析していきたい。

ヒトラーの対ソ戦決断

ヒトラーは、一九二三年にミュンヘンでクーデター未遂事件、いわゆる「ビアホール一揆《プッチュ》」を起こして投獄されたときから、一九四五年にベルリンの地下壕《ごう》で自殺するまで、一貫してソ連打倒と東方植民地帝国建設という「プログラム」を追求していたとする説は、かつてドイツの歴史家たちの多くに支持された、いわば保守本流ともいうべき解釈であった。

その後、一九七〇年代から八〇年代にかけて、そうした「プログラム」論は、あまりにもヒトラー個人の役割を過大視するもので、当時のドイツが置かれていた社会的・経済的な制約の政治への影響を軽んじているとの批判が出され、定説の座からしりぞくことになったが、ヒトラー個人が侵略に踏み切った動機を説明する解釈の一つとしては、それでもなお有力であるといえよう。

ではヒトラーが、いずれは果たすべき目標ではなく、具体的な行動としてのソ連侵攻を決意したのは、いつのことで、どういう理由だったのだろうか。

一九四〇年夏、ノルウェー、デンマーク、ベネルクス三国、フランスを降《くだ》したドイツは、ヨーロッパの覇者となっていた。ヒトラーは、孤立したイギリスに和平を提案したが、英首相となったウィンストン・チャーチルは徹底抗戦の姿勢をくずさない。そのため、ヒトラーは、英本土を直撃する決意を固め、ドイツ空軍に一大航空攻勢を実施させた。有名な英本土航空戦《バトル・オヴ・ブリテン》が開始されたのである。しかし、兵力に優《まさ》るドイツ空軍に対し、イギリス空軍は粘り強く抗戦し、勝敗は容易に決しようとしない。

かくて、手詰まり状態におちいったヒトラーは、東方に眼を向ける。イギリスが孤軍奮闘しているのは、やがてアメリカとソ連が参戦すると考えているからであろう。それなら、東に矛《ほこ》を転じて、ソ連を粉砕すれば、東方植民地帝国の建設ならびにイギリスの抗戦意志打破という一挙両得の効果があるはずだ。

ヒトラーは、しだいに対ソ戦実行へと傾斜していった。その意思決定に関して、重要とされる日付は三つある。

南独にあった総統山荘に、ヒトラーが国防軍首脳部を集め、ソ連を覆滅することによって、イギリスが同国の参戦にかけている期待をくじき、講和に持ち込むと宣言した一九四〇年七月三十一日。

一九四一年春までに、野戦師団百八十個と若干の占領用師団の装備をととのえるべしとした総統命令（対ソ戦の具体的な準備が指示されたと解釈できる）が発せられた一九四〇年九月二十七日。

ソ連外務人民委員（他国の外務大臣に相当する）ヴャチェスラフ・M・モロトフがベルリンを訪問した一九四〇年十一月十二日ならびに十三日。

この三つ目の日付、つまり、ソ連外務人民委員のベルリン訪問では、ドイツ外相ヨアヒム・フォン・リッベントロップはモロトフを説得し、日独伊ソ四国同盟を結んで、大英帝国を解体するとの方針に誘導しようとしたが、後者は北欧や東欧における勢力圏の線引きの問題に固執し、ドイツ側の手に乗らなかった。このモロトフの反応をみて、ヒトラーは交渉による解決は不可能と判断したというのである。

この三つの日付のいずれが決定的であったかについては、さまざまな議論がなされてきたし、なかには、これらの時期にヒトラーはしだいにソ連を討つ決意を固めていったとする解釈もある。

いずれにせよ、最終的には一九四〇年十二月十八日に総統指令第二一号が発され、ソ連侵攻作戦「バルバロッサ」[1]の実行が決定されたのである。

具体化する作戦計画

第二次世界大戦後、生き残った国防軍の将軍たちは、ヒトラーの命令への服従という軍人の義務ゆえに対ソ戦を遂行したのであって、自分たちはけっして積極的ではなかったとする伝説を流布した。けれども、その後の研究の進展により、ヒトラーの決定が下される前から、ドイツ国防軍がソ連侵攻の計画を練っていたことがあきらかにされている。

かかる動きの背景には、ドイツが西方作戦を実行しているあいだに、ソ連に背後を衝《つ》かれるのではないかという不安があった。一九三九年九月にポーランドに侵攻し、西部地域を占領したドイツは、同じくその東部地域をわがものとしたソ連と国境を接することになっていたのである。両国間には不可侵条約が存在していたが、ドイツはそれを信じて安心するほどナイーブではなかったのだ。結局、ドイツ陸軍総司令部《オーバーコマンド・デス・ヘーレス》（ＯＫＨ）は、一九三九年から四〇年にかけて西部戦線で英仏連合軍と対峙《たいじ》しているあいだ、さらにはその後も、ソ連がドイツに侵攻してきた場合の作戦計画を練りつづけていた。

しかし、当初は防衛を主眼《しゅがん》に置いていた作戦は、ドイツの西方侵攻によりフランスが戦争から脱落したのちに、積極的な色彩を帯びはじめる。一九四〇年七月三日、陸軍参謀総長フランツ・ハルダー砲兵大将（同年七月十九日、上級大将に進級）は、OKH作戦部に対ソ戦を検討するよう指示した。ドイツ陸軍首脳部は、ヒトラーと同じく、ソ連を倒せば、さしもの頑強なイギリスも希望を失い、講和に応じるのではないかと考えはじめていたのである。

翌四日、ハルダーは、ドイツ東部の防衛を担当する第一八軍の司令官と参謀長を呼び、国境にソ連軍の大兵力が集結していると告げた上で、攻勢計画の立案を命じた。(2) これは、七月二十二日付「第一八軍開進《かいしん》訓令」に結実する。そこには、ソ連がドイツに侵攻した場合のみならず、死活的に重要な石油を産するルーマニアに脅威をおよぼしたときにも、「紛争」に突入すると想定されていた。こうして、国防軍が対ソ戦を視野に入れはじめたところに、ヒトラーの意思決定が重なっていったのである。

加えて、ドイツ国防軍にはソ連軍の実力軽視、それも根拠のない過小評価があった。一九四〇年七月二十一日に開かれた会議で、陸軍総司令官ヴァルター・フォン・ブラウヒッチュ元帥は、ソ連軍が使用し得る優良師団は五十個ないし七十五個程度と予想されるから、作戦に必要なのはドイツ軍八十個から百個師団ほどだろうと述べた。驚くほどの楽観であるけれども、これが当時のドイツ軍に蔓延《まんえん》していた暗黙の了解なのであった。

いずれにせよ、かかる「空気」のなかで、ソ連侵攻作戦の立案が進められていく。初期の検討を経て、ハルダーは七月二十九日に、第一八軍参謀長エーリヒ・マルクス少将に、独自の作戦計画を起案するよう命じた。マルクスは、八月五日から六日にかけて、ハルダーに報告と説明を行ない、のちに「マルクス・プラン」と通称されることになる作戦計画を提出した。

この作戦案は、ドヴィナ川北部、ヴォルガ川中流域、ドン川下流域を結ぶ線を到達目標とし、食糧・原料供給地であるウクライナとドニェツ川流域、軍需生産の中心地モスクワとレニングラード（現サンクト・ペテルブルク）を占領するという壮大な計画であった。注目すべきは、政治的・精神的・経済的な中枢であるモスクワの占領と、それにともなう敵軍の崩壊により、ソ連は解体するとされていたことであろう。

本章冒頭に示したクラウゼヴィッツの概念にしたがうなら、ハルダー以下のドイツ陸軍首脳部は、首都モスクワこそがソ連の「重点」だと考えていたのである。

なお、マルクス・プランでは、これだけの大作戦を、九ないし十七週間で完遂するものとしていた。当時のドイツ軍が、いかに自らの能力を過信していたかを示しているといえよう。

一方、ドイツ国防軍最高司令部《オーバーコマンド・デア・ヴェーアマハト》（ＯＫＷ）でも、国防軍統帥幕僚部長（作戦部長）アルフレート・ヨードル砲兵大将が、ＯＫＨとは別の視点から対ソ戦を検討するように、部下のベルンハルト・フォン・ロスベルク中佐に命じていた。

九月十五日、ロスベルクが完成させた「東部作戦研究」なる報告書（通称「ロスベルク・プラン」）では、ソ連軍が取り得る作戦を考慮した上で、敵の対応策でもっとも危険なのは、国土の深奥部《しんおうぶ》まで退却し、ドイツ軍が補給の困難に苦しみはじめたあたりで反攻に出ることだとされていた。まずは妥当な考察といえる。

ただし、それに対するロスベルクの方策は、やはり作戦レベルの処方箋《しょほうせん》でしかなかった。ヨーロッパ・ロシアを南北に分けている巨大な湿地帯（プリピャチ湿地）の北に二個軍集団を配し（この兵力配分は、「マルクス・プラン」においてもほぼ同じだった）、その南側の軍集団に快速部隊を集中してモスクワに突進させつつ、プリピャチ湿地の南方に総兵力のおよそ三分の一を投入、前進させる。北の二個軍集団と南の一個軍集団は、前面のソ連軍が東方に逃れるのを阻止しながら進撃、プリピャチ湿地の東で手をつなぎ、全戦線にわたる攻勢に出る。最終目標とされたのは、アルハンゲリスク、ゴーリキー、ヴォルガ川、ドン川を結ぶ線であった。

このように、「ロスベルク・プラン」はソ連軍主力を重点とみなす作戦案であり、モスクワを重視する「マルクス・プラン」とのぶれが生じていたといっても過言ではあるまい。

決められなかった「重点」

一九四〇年九月三日、ハルダーは、陸軍参謀次長フリードリヒ・パウルス中将に、マルクス・プランほか、ＯＫＨで検討されたいくつかの作戦案を総合し、包括的な計画を作成するように命じた。パウルスは、モスクワこそ最重要目標だとするハルダーの判断をもとに計画案を作成、十一月二十九日に提出したのち、その有効性を検討するために、十二月初旬に三回の図上演習、今日の言葉でいうシミュレーションを実施する。

ところが、図上演習が終了する直前、十二月五日にOKHの作戦企図《きと》が報告された際、ヒトラーは、重要きわまりない判断を開陳《かいちん》した。モスクワの早期占領はさほど重要ではないとし、プリピャチ湿地の北にある軍集団に包囲殲滅戦を実行させ、しかるのちに南北にそれぞれ旋回させて、バルト三国とウクライナにある敵を撃滅するとの構想を示したのだ。そうして、ソ連軍主力が消滅したのちには、モスクワはおろか、ヴォルガ川やゴーリキー、アルハンゲリスクまでも一気に進撃できるというのがヒトラーのテーゼであった。

ヒトラーは対ソ戦において、軍事目標よりも、政治的・経済的な目標を重視したとは、しばしばいわれるところである。しかし、この時点のヒトラーは、根拠のない楽観にもとづき、ソ連軍主力が重点であるが、これを撃滅するのはたやすいことで、その後、モスクワほかの重要地点を占領すればよいと考えていたらしい。

しかも、ハルダー陸軍参謀総長以下のOKH首脳部は、ヒトラーの判断には反対だったとする戦後の主張とは裏腹に、その指示を受けて、作戦案を修正した。あるいは、作戦を発動してしまえば、モスクワを最優先目標とするよう、総統を説得できると楽観していたのかもしれぬ。

けれども、このような議論を経《へ》ない妥協の結果、先に触れた十二月十八日付の総統指令第二一号ならびに、作戦の詳細を指示した一九四一年一月三十一日付の「バルバロッサ作戦開進訓令」は、最重要目標がモスクワなのか、ソ連軍主力なのか、あるいはそれ以外の重要地点なのかを明示しない、曖昧《あいまい》なものとなった。「バルバロッサ」作戦は、重点を持たない「人格なき人間」になったのである。

先細りの攻勢能力

一九四一年六月二十二日、ナチス・ドイツはソ連邦への侵略を開始した。バルト海から黒海まで、およそ三千キロの戦線が開かれ、そこに総兵力約三百三十万が投入されたのだ。この大軍は三個軍集団に区分されており、北から南の順に「北方軍集団」、「中央軍集団」、「南方軍集団」と呼称されていた。

奇襲により、ソ連機多数を地上で撃滅し、航空優勢を得た空軍の支援を受け、装甲部隊を先《せん》鋒《ぽう》としたドイツ軍は破竹《はちく》の勢いで進撃した。ドイツ軍の侵攻はないと誤断した、赤い独裁者ヨシフ・V・スターリンが、たび重なる現場の戦闘準備要請を握りつぶしていたこともあって、不意打ちを受けるかたちになったソ連軍部隊は、つぎつぎと撃滅されていく。

とくに、最重要正面である戦線中部を担当するドイツ軍中央軍集団の猛進はめざましく、その装甲部隊は、開戦一週間ほどでソ連領内四百キロの地点まで達していたし、ミンスク周辺における最初の包囲殲滅戦も成功、七月初旬までに捕虜三十二万を得ていた。

しかし、こうした戦果も、実は暗い影をひきずっていた。というのは、かくも華々しい進撃でさえも、可能なかぎり国境付近でソ連軍主力を捕捉・撃滅し、奥地への撤退を許さないという「バルバロッサ」作戦成功の大前提を満たすには不充分だったからである。

そのような事態が生じた理由は、いくつかある。これまで、ドイツが西方作戦やバルカン作戦で対した敵とはちがって、ソ連軍将兵は、ドイツ装甲部隊に寸断され、通信・補給線を切られても、いっこうに降伏しようとはせず、頑強に抵抗しつづけたのだ。ドイツ軍としては、それらの残存部隊に対処しないわけにはいかず、貴重な兵力はさらなる進撃ではなく、後方の掃《そう》蕩《とう》戦に使われることになる。かような小戦闘での損害は、個々にはわずかなものであったとはいえ、しだいに累積《るいせき》していき、ドイツ軍の戦力を削《そ》いでいった。

また、ロシアの地形も、ドイツ軍の前進にブレーキをかけた。ロシアの悪路での進撃は、舗装道路が四通八達し、場合によってはガソリンスタンドで給油することもできた、一九四〇年の西方侵攻のようにはいかなかったのだ。道路によっては、脆弱《ぜいじゃく》で装甲車輛《しゃりょう》の重みに耐えられず、陥没してしまうものさえあった。ゆえに、ソ連軍主力の捕捉撃滅に不可欠の高速機動など、望むべくもなかったのである。

さらに、補給の問題もクローズアップされてきた。ソ連の鉄道はヨーロッパ標準軌と軌間が異なるため、列車輸送を行なうにはレールの工事が必要となるが、それには時間がかかる。そのため、前線部隊が進めば進むほど、鉄道線の補給端末との距離は遠ざかるばかりとなったのだ。この前線と鉄道端末のあいだの補給線は、自動車部隊の輸送によって維持されていたが、

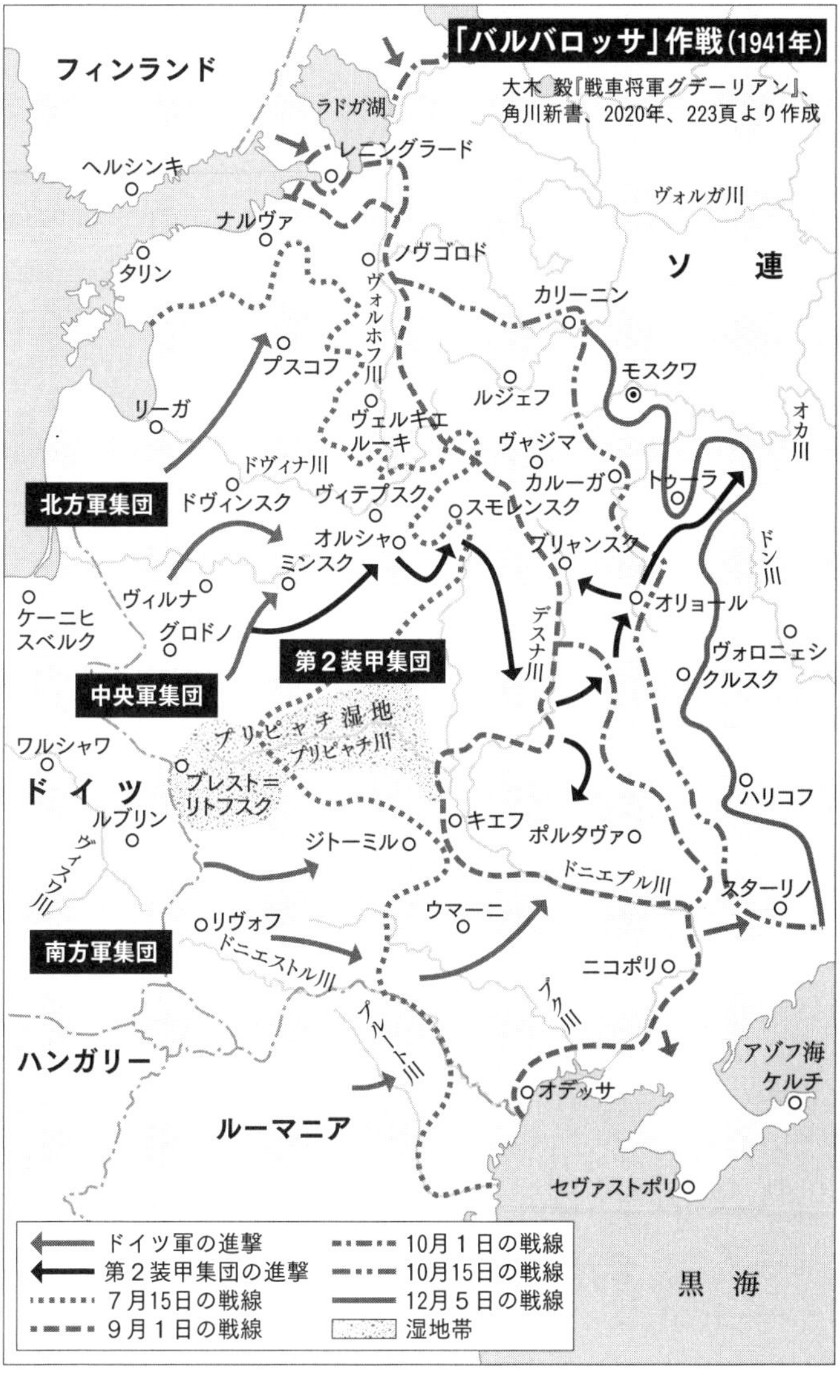
「バルバロッサ」作戦(1941年)
大木 毅『戦車将軍グデーリアン』、角川新書、2020年、223頁より作成
フィンランド
ラドガ湖
レニングラード
ヘルシンキ
ヴォルガ川
ナルヴァ
ノヴゴロド
タリン
ソ 連
ヴォルホフ川
カリーニン
プスコフ
モスクワ
ルジェフ
リーガ
ヴェルキエルーキ
オカ川
ヴャジマ
ドヴィナ川
カルーガ
トゥーラ
北方軍集団
ドヴィンスク
ヴィテプスク
スモレンスク
オルシャ
ブリャンスク
ドン川
ミンスク
ケーニヒスベルク
ヴィルナ
オリョール
グロドノ
デスナ川
ヴォロニェシ
第2装甲集団
クルスク
中央軍集団
プリピャチ湿地
プリピャチ川
ワルシャワ
ブレスト＝リトフスク
ハリコフ
ドイツ
キエフ
ポルタヴァ
ルブリン
ジトーミル
ヴィスワ川
ドニエプル川
スターリノ
ウマーニ
リヴォフ
ドニエストル川
南方軍集団
ニコポリ
ブク川
プルート川
アゾフ海
ハンガリー
ケルチ
オデッサ
ルーマニア
セヴァストポリ
ドイツ軍の進撃
第2装甲集団の進撃
7月15日の戦線
9月1日の戦線
10月1日の戦線
10月15日の戦線
12月5日の戦線
湿地帯
黒 海

そうした即興的対応もしだいに困難になる。

かかるマイナス要因が累積した結果、ドイツ軍、とりわけ装甲部隊の消耗は危険な水域に達した。七月のスモレンスク包囲戦における勝利など、表面的には華々しい戦果を上げていたものの、ドイツ装甲部隊が有する稼働戦車の数は減る一方であり、攻勢能力は先細っていくばかりだったのだ。

モスクワか、南方資源地帯か

こうした状況に直面し、ヒトラーと国防軍首脳部も、ソ連軍主力を重点とし、これを国境会戦で潰滅《かいめつ》させたのちに、ヨーロッパ・ロシアを手中に収めるとの構想が実現不可能になったことを知った。

では、これからどうすればいいのか？

ヒトラーは、戦況がいまだ有利であると認識されていたころ、一九四一年七月十九日に、総統指令第三三号を下達《かたつ》、中央軍集団の装甲部隊を引き抜き、南方軍集団に増援させて大都市ハリコフを奪取、続いてドン川を渡河《とか》して、油田のあるコーカサス地方を占領させるとの構想を示した。加えて、中央軍集団の別の装甲部隊を、北方軍集団に再配置、レニングラード周辺のソ連軍包囲を支援させる。装甲部隊を引き抜かれた中央軍集団は、歩兵部隊のみでモスクワに進撃するというのである。

すなわち、モスクワの重要性を軽視し、北のレニングラードと南のコーカサスに向かって兵力を分散させる作戦案で、当時のヒトラー戦略の迷走ぶりを示したものといえる。ハルダー陸軍参謀総長も、このような策は無意味だと憂慮した。だが、幸か不幸か、この指令に示された作戦は、戦局の悪化にともない中止となった。

かくて、南部ロシアの工業・資源地帯の確保を優先するヒトラーと、政治的・戦略的な目標である首都モスクワこそが勝敗を決する重点だと主張する陸軍の対立が顕在化《けんざいか》するなか、中央軍集団正面で変化が生じた。同軍集団前面で抵抗していたソ連軍部隊を撃滅、その陣地を奪取したのだ。

一方、南方軍集団は、プリピャチ湿地南方にあったソ連軍部隊の拘束と撃滅に努め、八月二十四日までにドニエプル川西方地域のほとんどを占領していた。つまり、中央軍集団方面から有力な装甲部隊を南へ、ウクライナに展開するソ連軍の後背部に進撃させ、ドニエプル川流域に展開する南方軍集団と協同して、挟み撃ちにするという作戦を遂行する前提がととのったのである。

この状況をみたヒトラーは、八月二十一日、モスクワ進撃を唱えるＯＫＨの反対を一蹴《いっしゅう》し、中央軍集団麾下《きか》第二装甲集団のキエフ転進を命じた。このときヒトラーは、重要なのは、クリミア半島やドニェツ工業・炭田地帯の奪取、コーカサスからのソ連軍に対する石油供給の遮断、レニングラードの孤立化だと述べている。少なくともヒトラーは、経済的目標がソ連の重点であると判断したわけだ。

ところが、南進を命じられた第二装甲集団司令官ハインツ・グデーリアン上級大将は、名うてのモスクワ重点論者だったから、ここに言葉の決闘が生起する。八月二十三日、中央軍集団司令部に呼び出されたグデーリアンは、そこに来訪していたハルダーから、モスクワよりもウクライナの征服を優先するというヒトラーの決定を聞かされ、猛然と反対する。グデーリアンはそのまま、ハルダーとともに、東プロイセンの総統大本営「狼の巣《ヴォルフスシャンツェ》」に向かい、ヒトラーに異論を唱えた。そのもようを、彼の回想録にもとづき、再構成しよう。

「貴官は、これまで、おおいに働いてきた麾下の将兵が、よりいっそう大きな負担に耐えられると思うかね？」と、ヒトラーに尋ねられたグデーリアンは、きっぱりと断じた。

「一兵卒に至るまで納得できるような偉大な目標を与えられるというのであれば、然り《ヤー》であります」。

「もちろん、モスクワのことを指しているのだろうな！」と応じたヒトラーに、グデーリアンは、持論をとうとうと述べた。

首都モスクワは、政治、交通、通信の中心であるのみならず、重要な工業地帯であるから、そこを占領すれば、ソ連国民の受ける衝撃は計りしれない、と。それに対し、ヒトラーは、ウクライナの資源と食糧は戦争遂行のカギを握っていると断じ、有名な言葉を発した。

「私の将軍たちは、戦争経済について、まったくご存じない」（ハインツ・グデーリアン『電撃戦』上巻)。

つまりは、重点は経済的に重要な地域であるか、それとも、戦略的な目標である首都モスクワなのかをめぐる議論であったが、ヒトラーは後者を拒否し、南方進撃を命じた。

このヒトラーの決断は、モスクワ攻略作戦の発動を遅延《ちえん》させ、首都の奪取を不可能とした致命的なミスだということが、しばしばいわれてきた。だが、今日では、中央軍集団の補給は深刻な状況にあり、グデーリアンのいうような即時モスクワ進撃は不可能であったから、同軍集団南翼にあり、しかも鉄道線の占領・修復が比較的進んでいた戦区に位置していた第二装甲集団を南下させることは、唯一実現可能な選択肢《せんたくし》であったとする説が有力である。

しかし、モスクワこそがソ連の重点であるとのドイツ陸軍首脳部の主張も、「バルバロッサ」作戦立案過程を検討すればわかるように、けっして政治的・経済的な影響力を十二分に考量したものではなかったのだ。

いずれにせよ、ヒトラーの転進決定により、ドイツ軍は再び大きな戦果を上げた。スターリンがキエフ死守を命じ、撤退を許さなかったこともあって、ソ連軍は大損害を出した。九月下旬のキエフ戦終了までに、約四十五万の兵員を擁する四個軍が潰滅したのである。

「台風《タイフーン》」作戦

ドイツ軍はキエフ包囲戦に勝利し、ウクライナ征服の見込みを確実なものとした。また、この間に北の重要都市レニングラードを孤立させ、包囲下に置くことにも成功している。こうして、東部戦線の南北両翼が安定したのをみたヒトラーは、ついに将軍たちに同意し、モスクワ攻略「台風《タイフーン》」作戦の実施を認めた。

だが、結論を先取りするならば、このモスクワ攻略作戦は、発動前から失敗を運命づけられていた。ここまでの戦いで、ドイツ軍は弱体化しきっており、首都攻略に必要な打撃力を失っていたからである。季節もまた、泥濘《でいねい》の秋、ついでロシアの厳しい冬と、大規模な軍事行動には不向きな時期に突入していた。さらに戦略的にみるならば、作戦が成功し、モスクワを占領したところで、それがスターリン体制の崩壊、対ソ戦の勝利に直結する保証など、どこにもなかったのである。

さはさりながら、十月二日に開始された、第二から第四までの三個装甲集団をモスクワ方面に集中してのモスクワ攻略は、当初順調に進んだ。ドイツ軍はソ連軍の戦線を突破し、ヴャジマとブリャンスク付近の二カ所で、敵の大部隊を包囲する。しかし、ドイツ軍の補給は限界に達していた。突破をなしとげ、急進して機動戦に持ち込もうとした装甲部隊も、つぎつぎに燃料不足で足踏みせざるを得なくなった。攻撃の要《かなめ》となる戦車の消耗も深刻であった。

そこに悪天候が追い打ちをかける。十月六日から七日にかけての夜、中央軍集団の戦区に、最初の雪が降ったのである。翌朝、溶けた雪は舗装されていないロシアの道路を泥沼にしてしまった。「道のない季節《ラスプーチツァ》」、泥濘期がはじまった。道という道が、英語の戦記で「二フィート（およそ七十センチ弱）の深さのぬかるみ」と表現される沼沢《しょうたく》と化す。履帯《キャタピラ》装備の車輌でさえも走行困難となり、ドイツ軍の前進は止まった。

一方、ソ連軍は、あらたにモスクワ防衛の責任を負ったゲオルギー・K・ジューコフ上級大将の指揮のもと、防衛態勢を固める。モスクワ正面、北のカリーニン、南のトゥーラと、三方面から、両翼包囲を受ける危機におびやかされながら、ソ連軍部隊は死力をつくして陣地を固守した。

モスクワの戦いに参加したソ連軍T-26戦車

十一月十五日、泥の海と化した地表が凍結するのを待っていた中央軍集団は、攻勢を再開した。南では、グデーリアンの第二装甲軍（十月五日、第二装甲集団より改編）が交通の結節点であるトゥーラの包囲にかかる。北では、突進した先遣部隊の一部が、双眼鏡でクレムリンの尖塔《せんとう》を視認できる地点まで到達した。

しかし――そこまでであった。ナポレオンがロシアに侵攻した一八一二年と同様の、異常気象とさえいえる厳冬にさいなまれたドイツ軍には、もはや攻勢を続ける余力は残されていなかったのである。

十二月五日、そうして疲弊しきったドイツ軍将兵に、満を持したソ連軍が襲いかかる。極東から増援されたシベリア師団や、T－34戦車などの新型兵器を投入しての反攻を支えきれず、ドイツ軍は無惨《むざん》に敗走していく。(3)

重点なき作戦は、その軽率さにふさわしい結末を迎えたのであった。

結語

仮想敵の重点がどこにあるのかを正しく判定することは、戦略・作戦の立案に必須の要件といえる。たとえば、現在のウクライナ侵略戦争の展開などは、その重要性を証明しているといえるだろう。

しかしながら、クラウゼヴィッツやヒンデンブルクの後裔《こうえい》であるドイツの参謀将校たちは、対ソ侵攻の立案において、このファクターの検討を怠《おこた》った。何がソ連の重点であるかを突きつめて考えることなく（もっとも、ドイツが衝くことができるような重点が、当時のソ連にあったかは疑問であるが）、敵主力、首都モスクワ、ウクライナの資源地帯と、幻想の重点のあいだで揺れている状態のまま、史上空前の大作戦を実行したのである。

その意味で、「バルバロッサ」作戦は「人格のない人間」であり、戦略・作戦的には、あらかじめ失敗する運命にあったと断じざるを得ない。

開戦時の独ソ両軍の戦闘序列

ドイツ軍

在ノルウェー・ドイツ軍
フィンランド軍

北方軍集団
- 第16軍
- 第18軍
- 第4装甲集団

中央軍集団
- 第4軍
- 第9軍
- 第2装甲集団
- 第3装甲集団

南方軍集団
- 第6軍
- 第11軍
- 第17軍
- 第1装甲集団
- ルーマニア第3軍
- ルーマニア第4軍

ソ連軍

北正面軍
- 第7軍
- 第14軍
- 第23軍
- 第1機械化軍団
- 第10機械化軍団

北西正面軍
- 第8軍
- 第11軍
- 第27軍
- 第3機械化軍団
- 第12機械化軍団
- 第5空挺軍団

西正面軍
- 第3軍
- 第4軍
- 第10軍
- 第6機械化軍団
- 第11機械化軍団
- 第13機械化軍団
- 第14機械化軍団
- 第17機械化軍団
- 第20機械化軍団
- 第4空挺軍団
- 第13軍（司令部のみ）

南西正面軍
- 第5軍
- 第6軍
- 第12軍
- 第26軍
- 第4機械化軍団
- 第8機械化軍団
- 第9機械化軍団
- 第15機械化軍団
- 第16機械化軍団
- 第19機械化軍団
- 第22機械化軍団
- 第24機械化軍団
- 第1空挺軍団

南正面軍（6月25日編成）
- 第9軍
- 第18軍
- 第2機械化軍団
- 第18機械化軍団
- 第3空挺軍団

赤軍大本営予備
- 第16軍
- 第19軍
- 第20軍
- 第21軍
- 第22軍
- 第24軍
- 第5機械化軍団
- 第7機械化軍団
- 第21機械化軍団
- 第25機械化軍団
- 第26機械化軍団

大木 毅『独ソ戦』、岩波新書、2019年、37頁より作成

註

（1）作戦の秘匿《ひとく》名称は、神聖ローマ皇帝フリードリヒ一世のあだ名「バルバロッサ」（イタリア語で「赤ひげ」の意）にちなんでいる。

（2）当時のドイツ軍では、中央の参謀本部ほかと同時に、想定戦場を担当する軍の司令部に作戦計画を立案させることが少なくなかった。

（3）ただし、シベリア師団の兵力は少なく、従来いわれていたほどには決定的な影響をおよぼしてはいないようだ。この問題を検討した、中曽根《なかそね》康弘《やすひろ》世界平和研究所研究助手の河西《かわにし》陽平《ようへい》によれば、一九四一年九月から十月にかけて、極東ザバイカル方面からヨーロッパに移送されたのは、十四個師団（狙撃兵師団十個、機械化狙撃兵師団一個、戦車師団三個）で、うち九個師団がモスクワ前面に投入されたが、これは同方面でドイツ軍と交戦した兵力のわずか一割にすぎないという（河西陽平『スターリンの極東戦略　1941―1950』）。
　これは、日ソ中立条約の存在にもかかわらず、極東ソ連軍が、日本の関東軍に比して、その兵力を大幅に低下させることはなかったという定説とも符合《ふごう》する。

第六章

戦略的失敗だったのか？

――真珠湾攻撃（一九四一年十二月八日）

批判された勝利

日米戦争は、昭和十六（一九四一）年十二月八日の真珠湾攻撃を以《もっ》て開始された。空母六隻を基幹とする日本機動部隊は開戦前にハワイ真珠湾に接近、所在の艦船ならびに航空戦力に対し、艦載機による空襲を敢行、戦艦四隻撃沈、同四隻大中破をはじめとする大戦果を上げたのだ。一方、日本側には、真珠湾港内に潜入をはかった特殊潜航艇五隻を除けば、艦船の損害はなかった。

まがうことなき勝利とみえる。実際、真珠湾攻撃が戦術的な成功であることに異議を唱えるものは皆無にひとしいであろう。ところが、戦略・作戦次元の評価となると、すでに戦争中から多数の批判が内外より浴びせられていた。

真珠湾攻撃は、中立にとどまろうとする孤立主義が根強かったアメリカに、参戦の好機を与え、かつ日本に対する米国民の敵愾心《てきがいしん》をあおることになった戦略的失敗である。かかる作戦の実行を命じた連合艦隊司令長官山本五十六《やまもといそろく》大将は愚物《ぐぶつ》だ。

山本は開戦初日の真珠湾攻撃で立ち直れない打撃を与え、米国民の継戦意志をくじくつもりだったとされる。だが、太平洋艦隊の潰滅《かいめつ》程度でアメリカ人がひるむはずもない。山本は彼らの戦闘精神《ファイティング・スピリット》にみちみちた国民性を見誤っていた。

作戦的にも、米戦艦こそ撃滅したものの、第二次攻撃を実行せず、真珠湾の海軍工廠《こうしょう》、燃料

タンクといった戦略的に重要な目標を見逃した。これらが無事だったために、アメリカ太平洋艦隊は以後自由自在に行動できたのだから、致命的なミスであった……。

おもな批判だけでも、これぐらいはすぐに挙げられる。こうした主張は一見もっともなようでもあり、それなりの根拠を持っていたから、今日までも影響力を有してきた。けれども、平成以降の研究の進展は、かような議論に反批判を示し、その一部については的を射ていないことをあきらかにしている。

そこで、本章では、真珠湾攻撃の経緯に関する叙述はおびただしい数におよぶ先行文献にゆだね、右に述べた批判にどれだけの正当性があるのかを論じていくこととしたい。そうした作業は、本書の「はじめに」で触れた戦争の諸階《レヴェルズ・オヴ・》層《ウォー》、戦略・作戦・戦術の三階層から戦闘を分析するという点で恰好《かっこう》のケース・スタディになるだろう。

政治外交・戦争指導からみた真珠湾攻撃の意味

まず、真珠湾攻撃（ハワイ作戦）は、アメリカに中立を捨てさせ、参戦への決定的な後押しになったという誤解を正しておきたい。いうまでもないことだが、日本の対米開戦こそ、アメリカが連合国側に立って戦争に突入することを可能としたのである。参戦か中立かといった問題は、そのような政治外交、すなわち戦略より上の国家指導のレベルではかられるものであって、敢えていうなら戦争遂行のための手段にすぎないハワイ「作戦」によって定められるものではない。

また、政治次元よりもいちだん低い戦略次元で考えてみても、真珠湾攻撃をやらなければ、アメリカは参戦しなかったというような議論は成立しない。当時の太平洋には、アメリカ軍の拠点として、ウェークやグアム、フィリピン等がある。日本軍が必要不可欠であるとした南方資源地帯占領のためには、これらの基地を攻略し、所在の米軍部隊を撃破しなければならないし、事実そうした。

つまり、真珠湾攻撃を実行しなかったとしても、日本が対米開戦に踏み切り、交戦を開始すれば、アメリカは中立を脱し、連合国対枢軸国という枠組みの戦争に突入することになったのだ。言い換えれば、アメリカ参戦とは政治外交・戦争指導の次元にある問題で、その動因は日本の開戦決定にあった。その意味で、真珠湾攻撃がアメリカを参戦させたという議論は、作戦次元の行動と政治次元のそれを混同した誤解であるといわざるを得ない。

　こう考えてみると、山本五十六の責任についても、おのずからはっきりしてくる。よく知られているように、山本は日米戦争に勝算なしとして、開戦に反対しつづけた。さりながら、山本が補せられていた連合艦隊司令長官の職は、いかに戦争を進めるかについては大きな権限を持っているけれども、戦争そのものをやるかどうか、和戦の決定には容喙《ようかい》できない。それは政府と大本営（陸軍参謀本部と海軍軍令部が戦時動員されて構成する最高統帥機関）にゆだねられていたのである。

1941年6月の真珠湾

　にもかかわらず、山本は政治によって意に染まぬ戦争を命じられ、それを可能とする戦略・作戦次元の手段として真珠湾攻撃を計画したのだ（後述するように、真珠湾攻撃を実行しなければ、南方攻略も成功しなかった可能性が高い）。すなわち、敗北必至の対米戦争に踏み切るという戦略的愚行を犯したのは、政府・大本営であって、山本ではない。

　もっとも、そうであるとしても、真珠湾攻撃が米国民を激昂《げきこう》させ、徹底的に戦う決意を固めさせたのだから、戦略的・長期的には不利に働くであろう失敗であったとする批判は、なお成立すると考える向きもあるかもしれない。その疑問には、先に触れたフィリピンやグアム等を攻撃する必要があったと答えることにしよう。

真珠湾攻撃がなかったとしても、それらの地域を攻撃されればアメリカは憤激し、対日戦完遂に邁進《まいしん》したはずだ。おそらく、「真珠湾を忘れるな《リメンバー・パールハーバー》」ならぬ「グアム・ウェークを忘れるな」というスローガンが叫ばれたことだろうと述べても、必ずしも空想をめぐらせすぎているとのそしりは受けまい。

「民主主義は憤怒のうちに戦う」(Democracy fights in anger)といわれる。世論が反映されやすい民主主義体制では、一般に戦争忌避の傾向がみられるが、そうした国でも、あるいはそうした国であるからこそ、嫌悪すべき戦争を強制してきた相手に対しては激怒し、断固戦いぬくという意味の警句である。むろんアメリカも例外ではない。真珠湾でなくとも、どこか自国の領土を攻撃されれば、戦争をいとわなかったにちがいない。

ただし、事実上の宣戦布告に等しい日米交渉の打ち切りを通告する前に、真珠湾攻撃を開始したことは明々白々たるミスであり、弁護の余地がない。それがために、真珠湾攻撃はアメリカで「だまし討ち」と喧伝《けんでん》され、米国民の戦意を高めることになってしまったのである。山本は、かかる事態にならぬよう、くれぐれも宣戦布告後の攻撃というかたちをとるよう、関係各方面に要請していたと伝えられる。

しかし、周知のごとく、出先機関の日本大使館の不手際から米側への通告が遅れ、真珠湾空襲は戦争状態に入る前に実行された「卑劣な攻撃《スニーク・アタック》」となった。ハワイ作戦に影を差す失敗であった。

とはいえ、この問題には、あまり指摘されていない側面がある。山本五十六はたしかに、真珠湾攻撃が「だまし討ち」になりはしないかと気に病んでいた。けれども、同様に宣戦布告前の攻撃になるマレー半島への上陸作戦（対英戦の第一手で、真珠湾攻撃より前に実行された）については、そうした国際法的問題に言及した形跡がないのである。これは、山本がイギリスよりもアメリカを主たる敵として認識していたこと、また米国民は「だまし討ち」のようなアンフェアなやり方を何よりも嫌悪し、憤《いきどお》るであろうと考えていたことの一証左であるかもしれない。

「漸減邀撃《ぜんげんようげき》」への疑念

以上、しばしば真珠湾攻撃の戦略的問題性とされる諸点が、実は対米開戦という決断ゆえであったことを検討してきた。それでは、ハワイ作戦の実行者である山本五十六は、対米戦争についてどのようなスタンスを取っていたのか。そして、いかなる思考経路を経て、真珠湾攻撃の決断に至ったのだろうか。

山本が連合艦隊司令長官になる以前、海軍次官を務めていたころから、対米戦争を引き起こしかねないドイツ・イタリアとの軍事同盟に猛反対したことはよく知られている。だが、ドイツがヨーロッパにおいて輝かしい勝利を続けるのをみた政府は日独伊三国軍事同盟締結に意欲を示し、日本海軍も、枢軸側に加われば米英も手出しはできず、かねて切望していた南進が可能となると積極的になった。

この動きはとどめがたく、昭和十五（一九四〇）年九月二十七日、ベルリンで日独伊の三国条約が調印される。それによって、日本は独伊に与《くみ》し、米英を仮想敵とするとの姿勢を鮮明にしたのである。当然のことながら、日米関係は急速に悪化した。さらに昭和十六年に実行された南部仏印（フランス領インドシナ）進駐はアメリカをいっそう硬化させ、在米日本資産の凍結令、対日石油禁輸決定と、矢継《やつ》ぎ早《ばや》にドラスティックな措置を講じてきた。

石油を止められれば、日本は亡国の道を歩むしかない。そうなる前、まだ抵抗することができるうちにアメリカとの戦争に突入すべきだとの声が高まる。対米戦必敗論者である山本としては看過《かんか》しがたい事態であったが、同盟政策や戦争決意は、現場のトップである連合艦隊司令長官の職掌《しょくしょう》ではなく、ただ非公式のルートを通じて、日米戦争不可なりと意見具申《いけんぐしん》するほかなかった。

しかし、その一方で、日本海軍の実戦部隊を指揮する責任を負う山本は、不本意ながらも対米戦争に突入した場合の対策を考えないわけにはいかない。たとえば、日独伊三国軍事同盟成立直後には、戦闘機・中攻（雷撃・爆撃の両方が可能で、陸上基地より運用される双発機）それぞれ一千機を用意するよう、海軍中央に申し入れたという。戦闘機と中攻、合わせて二千機を調達するなど、当時の日本の国力からすれば不可能に近いと、おそらく山本も承知していたことであろう。だが、無理に無理を重ねてでも、それだけの航空戦力を整備すれば、万一対米戦に突入したとしても、やりようがある。加えて、アメリカはまだ平時体制で、保有兵力や生産力もかぎられているから、日本がその規模の航空部隊を揃えれば抑止効果を得られ、アメリカの参戦を封じる可能性があると考えたのであろうか。けれども、山本の期待は現実によって裏切られた。昭和十六年十月、南部仏印進駐決定後の情勢の説明を受けるため、東京の海軍首脳部を訪ねた山本は、航空軍戦備はほとんど進んでいないと告げられたのである。

かくて、山本は希望をかなえられぬまま、若干の新鋭艦艇の就役や航空部隊の増強はあるにせよ、ほぼ現有兵力のままで対米戦争、さらには対米英戦争を実行するという事態を想定せざるを得なくなった。その場合、日本海軍が練り上げてきた「漸減邀撃《ぜんげんようげき》」作戦――潜水艦や航空機によって、太平洋を西進してくる米艦隊をしだいに減衰《げんすい》させていき、敵味方の兵力が互角になった時点で、日本本土近海で艦隊決戦を行ない、敵を撃滅するとの策は有効だろうか。

山本の答えは否《いな》であった。漸減邀撃作戦に成功の見込みがないことは、高級指揮官養成機関であると同時に戦略・作戦・戦術を研究するシンクタンクの機能を持つ海軍大学校で、長年繰り返し実行されてきた図上演習の結果をみれば明白だったのだ。山本は、昭和十六年一月七日付の文書「戦備訓練作戦方針等の件覚」で、こう述べている。

「しかして屢次《るじ》〔しばしば〕図〔上〕演〔習〕等の示す結果を観るに、帝国海軍はいまだ一回の大勝を得たることなく、このまま推移すれば恐らくじり貧に陥《おちい》るにあらずやと懸念せらるる情勢に於《おい》て演習中止となるを恒例とせり」（大分県立先哲史料館編『大分県先哲叢書《そうしょ》　堀悌吉《ほりていきち》資料集』第一巻）。

さらに、戦略的環境の変化は、漸減邀撃作戦をますます困難にしていた。この戦略はアメリカ一国だけと戦うことを前提としていたのだが、対米開戦と南方資源地帯への侵攻に踏み切れば、イギリスやオランダ（現在のインドネシアに相当する地域、「蘭印」こと「オランダ領東インド」を植民地としていた）との戦争は避けられない。

そうなれば、連合艦隊は、米太平洋艦隊の邀撃と南方侵攻（それによって、イギリス東洋艦隊やオランダ、オーストラリアの艦船、フィリピンの米軍部隊との対決を余儀なくされる）の二重の任務を課せられることになる。そのような二正面作戦を実行すれば、米太平洋艦隊邀撃のために兵力を西太平洋に集結させる必要から南方侵攻が中断される、もしくは南方作戦に兵力を割かれるために漸減邀撃策が失敗するといった事態になりかねない。

山本五十六は伝統的な漸減邀撃作戦を放棄し、破天荒《はてんこう》な一手に頼らざるを得なくなった。開戦劈頭《へきとう》、米太平洋艦隊の根拠地を急襲し、大打撃を与えるのだ。

現実味を増すハワイ作戦

山本は、すでに昭和十五年三月の時点で、真珠湾攻撃の可能性を模索していたのではないかと推測される。そのころ、空母の航空隊が雷撃訓練で優れた技倆《ぎりょう》を示すのを見ていた山本が「飛行機でハワイを叩けないものか」と呟《つぶや》くのをすぐそばで聞いたと、当時の連合艦隊参謀長福《ふく》留 繁《とめしげる》少将が証言しているのである。

ただし、山本にはまだためらいがあったらしい。同年十月に福留が、翌年度の連合艦隊訓練方針にハワイ奇襲の構想を組み入れるよう進言したところ、山本は「ちょっと待て」と答えたというのだ。だが、それから約一カ月後、十一月下旬には、その山本が海軍大臣の及川古志郎《おいかわこしろう》大将に真珠湾攻撃の構想を口頭で伝えたのであった。

こうした山本の姿勢の変化について、日本の公刊戦史である『戦史叢書』は、十一月下旬に実施された蘭印攻略作戦図上演習の結果が影響したのだろうと推測している。先に触れたように、南方攻略が対米英蘭戦争につながるのは必至である。したがって、アメリカのみを仮想敵とするのではなく、南方攻略と米太平洋艦隊邀撃の両方に備えなければならないが、連合艦隊の戦力に鑑《かんが》みれば、それらを同時に遂行するのは不可能である。どうしても、南方占領が完了するまで、米太平洋艦隊の進攻を止めておかねばならない。かかる図上演習の結論から、山本も真珠湾攻撃によって米艦隊を無力化しておかなければ、南方作戦はやれないと判断したというのだ（防衛庁防衛研修所戦史室『戦史叢書　ハワイ作戦』）。

もっともな推論であると思われるけれども、筆者は、おそらく昭和十五年十一月のイギリス軍によるタラント空襲の成功も影響していると考えている。この作戦で、空母から発信した英攻撃隊は、イタリアのタラント軍港を襲撃、戦艦二隻を着底させ、同一隻を大破させるという戦果を上げたのである。真珠湾攻撃をもくろむ者には、またとない模範例であったろう（大木毅『「太平洋の巨鷲」山本五十六』）。

ともあれ、ハワイ作戦は現実味を帯びてきた。真珠湾攻撃を断行する覚悟を固めた山本は、前出の昭和十六年一月七日付「戦備訓練作戦方針等の件覚」で、海軍中央にその決意を披瀝《ひれき》し、ついで連合艦隊司令部内のとくに山本が指名した参謀たちに作戦研究を命じた。もっとも、山本はその一方で、信頼する航空の専門家、第一一航空艦隊参謀長大西瀧治郎《おおにしたきじろう》少将にも、真珠湾攻撃の計画立案をゆだねている。この大西案は四月上旬に山本に提出され、連合艦隊司令部に渡された。

これらの研究をもとに練り上げられた連合艦隊のハワイ作戦計画は、大本営海軍部（軍令部）の反対に遭《あ》ったが、山本の強い主張が通り、認可に至った。「本案が容れられぬならば自分は辞職する」とまで山本が発言したという有名なエピソードは、このときのことである。

山本五十六は何を狙っていたのか

かような経緯をみれば、真珠湾攻撃の目的は南方作戦実施中の米太平洋艦隊封止にあったかと思われるであろう。しかし、山本が遺した文書や発言を追っていくと、より多くを狙っていたのではないかと推測されるものが多々ある。それゆえに、さまざまな解釈が成り立つし、一部の批判の根拠にもなっているわけだ。

ここでは、前掲「戦備訓練作戦方針等の件覚」に注目して、論じてみよう。そのなかには、つぎのような文章がある。

「日米戦争に於《おい》て、我《われ》の第一に遂行せざるべからず要項は、開戦劈頭敵主力艦隊を猛撃撃破して、米国海軍及《および》米国民をして救うべからざる程度に、其《そ》の志気を沮喪《そそう》せしむること是なり」。

この文章を読めば、山本五十六は真珠湾攻撃でアメリカ艦隊を撃破すれば、米国民もその海軍も戦意を喪失するだろうと楽観していたように思われる。むろん、現実にそうなったように、アメリカはその程度のことで和平に向かったりはしなかった。山本は、アメリカの国民性を過小評価していたと批判されるゆえんである。

しかしながら、筆者は山本の真意に関して、別の仮説が成り立つと考えている。その根拠は同じ文書のなかにある、以下のごとき記述だ。

「〔前略〕日米開戦の劈頭に於ては、極度に善処して、勝敗を第一日に於て決するの覚悟を以て、計画並《ならび》に実行を期せざるべからず」。

「敵米主力の大部真珠湾に在泊せる場合には、航空部隊を以《もっ》て之《これ》を徹底的に撃破し、且《かつ》潜水部隊を以て同港の閉塞《へいそく》を企図《きと》す」。

具体的には、第一・第二航空戦隊（合わせて空母四隻。やむを得ない場合には、第二航空戦隊のみで行なうと補註がある）によって、「月明の夜、又は黎明《れいめい》を期し、全航空兵力を以て全滅を期し敵を強（奇）襲」するとある。また、一個潜水戦隊（潜水艦六ないし十隻程度の部隊）を用いて、「真珠港《ママ》（其の他の碇泊地《ていはく》）に近迫、航空部隊と呼応して敵を雷撃し」、「此の場合、敵の狼狽《ろうばい》出動（頓〔カ〕〔翻刻註釈は引用書の編者による〕入）を真珠湾港口に近く要撃して、港口の閉塞を企図す」ともある（前掲『堀悌吉資料集』第一巻）。

こうした文言から、山本は当初、空襲のみならず、潜水艦部隊の攻撃で敵艦を港口で撃沈し、真珠湾を閉塞して、その基地機能をマヒさせるという、実際の真珠湾攻撃以上の大規模な作戦を考えていたのではないかと推測できる。

山本が、連合艦隊司令長官から格下げになってもいいから、自ら機動部隊の長となってハワイ作戦を指揮したいと切望したこと、また、攻撃直後に上陸作戦を敢行し、真珠湾を占領できないか（海軍施設を押さえ、多数の将兵を捕虜にしてしまえば、米太平洋艦隊は行動できなくなるとみたのである）と口にしたことなども、[1]かかる仮説の裏付けとなろう。

おそらく、これほどの打撃を与えれば、アメリカ国民の士気をくじき、開戦初日に勝敗を決する可能性もないわけではないと、山本は夢見たのではなかろうか。けれども、日本の国力や組織の硬直は、その願望が現実となることを許さなかった。

ハワイ占領に必要な陸軍部隊を運ぶ輸送船は、南方攻略だけで手一杯で、とても真珠湾侵攻を実行する余力はなかった。何よりも、空母機動部隊のみならず、輸送船団まで出してしまえば、真珠湾への途上で発見される可能性も高くなる。機動部隊の直《じき》率《そっ》も、日米戦争の連合艦隊司令長官は山本以外になしという、当時の海軍における彼の威望からすれば、問題外だった。

炎上する真珠湾上空を飛行する九七式艦上攻撃機

　さらに、ハワイ作戦の準備が進むにつれ、機動部隊の給油問題[2]、浅海面魚雷や徹甲爆弾[3]の準備など、さまざまな問題が露呈し、山本が構想したような大規模な作戦は実行不能であることも判明した。そのため、山本も開戦第一撃でアメリカに致命傷を与えることをあきらめ、短期間に連続的な打撃を加えることで講和に追い込むと、考えをあらためたように思われる。

　結果として、真珠湾攻撃の企図と目標はスケールダウンした。昭和十六年十一月五日付に山本が下達《かたつ》した「機密連合艦隊命令作第一号」には、「開戦劈頭、ハワイに米艦隊を奇襲撃破し、その積極作戦を封止」すると記されている（前掲『戦史叢書　ハワイ作戦』）。このように、山本の企図は「米国海軍及米国民をして救うべからざる程度に、其の志気を沮喪せしむる」という積極的なものから、真珠湾の米艦隊を奇襲撃破することに縮小された。その背景には、実際に真珠湾攻撃の準備を進めるうちに、初動で米国民の継戦意志を粉砕するだけの戦力をととのえることは不可能と判明したことがあると思われる(4)。

第二撃は可能だったか

かくのごとく、港口閉塞やハワイ上陸をともなう一大攻勢には程遠い作戦となったが、昭和十六年十二月八日、真珠湾攻撃は決行された(5)。空母六隻から発進した航空隊は奇襲に成功、米太平洋艦隊の主力は撃沈・撃破され、所在の航空機三百数十機が撃墜、もしくは破壊されたのだ。

かかる成功にもかかわらず、この戦闘の敗者となったアメリカの側からも、また日本側からも、なぜ第二撃を加えて戦果を拡張しなかったのか、第三次攻撃（第一撃は、第一次・第二次の二波に分かれて実行された）をかけて、真珠湾の海軍工廠や燃料タンクを破壊するべきだったとの批判がわきおこった。それを行なっていれば、真珠湾は海軍基地としての機能を失い、米太平洋艦隊は米本土西岸の諸港に退避せざるを得ず、以後の作戦に大なる支障を来《きた》したはず

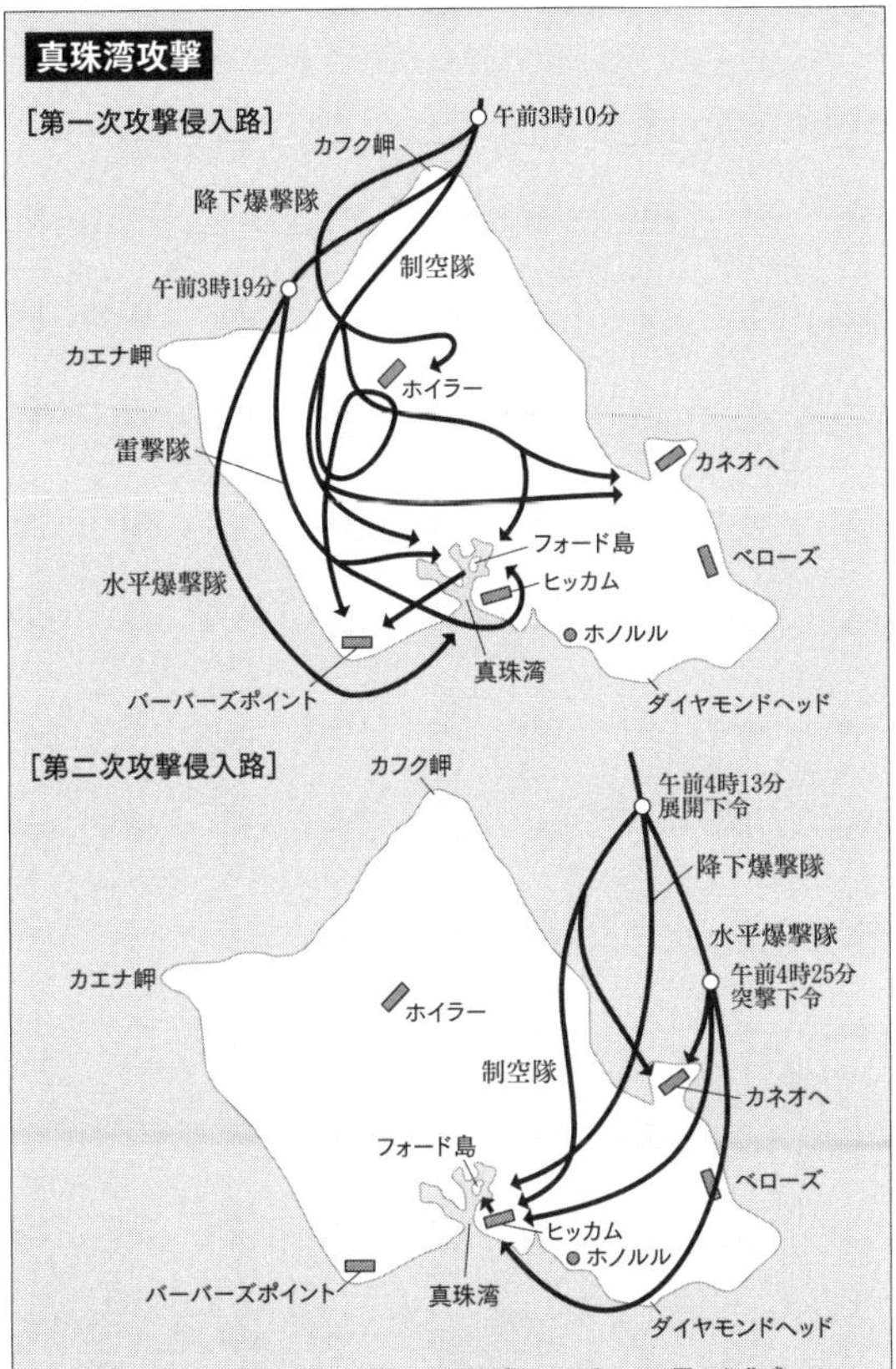

大木 毅『「太平洋の巨鷲」山本五十六』、角川新書、2021年、233頁より作成

だというのだ。

　この批判は、はたして当を得たものなのだろうか。近年の研究成果をみるかぎり、多くは否定の方向に傾いている。

　イギリスの歴史家H・P・ウィルモットに、日本の等松《とうまつ》春《はる》夫《お》防衛大学校教授とアメリカの元海軍軍人W・S・ジョンソンの協力を得て、真珠湾攻撃に再検討をほどこした著書がある。その第二撃問題を扱った箇所をみると、日本機動部隊の随伴駆逐艦の積載燃料、再給油に要する時間、損傷機数と種類、再攻撃に使用できる機種と機数、地上目標を爆撃するための大型爆弾の有無などを仔細《しさい》に調査した上で、第二撃を実行すれば、大きなリスクがあったろうと結論づけている。したがって、第一撃のみで引き揚げた日本側の指揮官南雲忠一《なぐもちゅういち》中将の判断は適切だったというのが、ウィルモットの評価だ（H. P. Willmot with Tohmatsu Haruo and W. Spencer Johnson, *Pearl Harbor*）。

この指摘に加えて、日本側は真珠湾攻撃が失敗した場合の対応については検討していたものの、成功した場合の戦果拡張、ましてや地上の燃料タンクや海軍工廠攻撃など、まったく考えていなかったし、その準備もしていなかったことを強調しておきたい。関連する命令をみても、たとえば前出の「機密連合艦隊命令作第一号」には、「空襲終了後、内地に帰投、整備補給を行う」とあるだけだし、南雲艦隊の作戦実施要領を示した「機密機動部隊命令作第一号」（昭和十六年十一月二十三日付）にも、「空襲終わらば飛行機を収容し、全軍結束を固くして、敵の反撃に備えつつ高速避退」すると書かれているだけなのである（前掲『戦史叢書　ハワイ作戦』）。

この点について、ハワイ作戦当時、軍令部第一（作戦）部長の地位にあった福留繁は、「固《もと》より油槽《ゆそう》も工廠施設軍事目標であることは万々《ばんばん》承知しており、攻撃計画に当《あた》っては一応も二応も検討した」が、それらを叩けば非戦闘員に被害が生じ、戦時国際法違反になることを恐れて、「直接の戦力たる艦船及《およ》び航空機に対する攻撃に専念することに定めた」と、回想録で釈明している（福留繁『史観・真珠湾攻撃』）。いずれにしても、連合艦隊・機動部隊ともに、真珠湾攻

機動部隊の構成
（一九四一年十二月八日）

- 機動部隊（第一航空艦隊司令長官南雲忠一中将）
  - 空襲部隊（指揮官　第一航空戦隊司令長官）
    - 第一航空艦隊（第四航空戦隊、駆逐隊欠）
      - 第一航空戦隊（航空母艦「赤城《あかぎ》」「加賀《かが》」）
      - 第二航空戦隊（航空母艦「蒼龍《そうりゅう》」「飛龍《ひりゅう》」）
      - 第五航空戦隊（航空母艦「瑞鶴《ずいかく》」「翔鶴《しょうかく》」）
  - 警戒隊（指揮官　第一水雷戦隊司令官）
    - 第一水雷戦隊
      - 軽巡洋艦「阿武隈《あぶくま》」
      - 第一七駆逐隊（駆逐艦「谷風《たにかぜ》」「浦風《うらかぜ》」「浜風《はまかぜ》」「磯風《いそかぜ》」）
      - 第一八駆逐隊（駆逐艦「陽炎《かげろう》」「不知火《しらぬい》」「霞《かすみ》」「霰《あられ》」）
      - 駆逐艦「秋雲《あきぐも》」
  - 支援部隊（指揮官　第三戦隊司令官）
    - 第三戦隊（戦艦「比叡《ひえい》」「霧島《きりしま》」）
    - 第八戦隊（重巡洋艦「利根《とね》」「筑摩《ちくま》」）
  - 哨戒隊（指揮官　第二潜水隊司令）
    - 潜水艦「伊一九」
    - 潜水艦「伊二一」
    - 潜水艦「伊二三」
  - 補給隊（指揮官　「極東丸《きょくとうまる》」特務艦長）
    - 第一補給隊（給油艦「極東丸」「健洋丸《けんようまる》」「国洋丸《こくようまる》」「神国丸《しんこくまる》」）
    - 第二補給隊（給油艦「東邦丸《とうほうまる》」「東栄丸《とうえいまる》」「日本丸《にっぽんまる》」）

防衛庁防衛研修所戦史室『戦史叢書　ハワイ作戦』各所の記述より作成

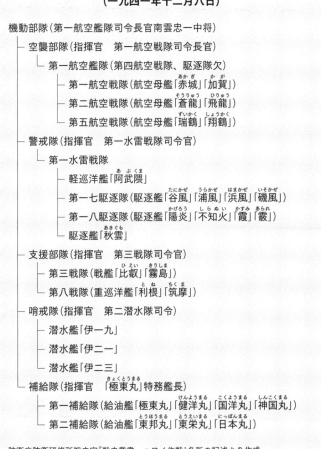

撃の目標はアメリカ戦艦部隊と認識・準備していたのである。

その結果、仮に現場が第二撃を実行すると決断したとしても、充分な打撃を加えられるとの保証はなかった。また、当時機動部隊が有していた艦載機はすべて単発機であり、爆弾搭載能力には限界があった。奇襲の衝撃から立ち直り、対空防御を固めつつある米軍を攻撃するというリスクに見合うだけの戦果、すなわち、燃料タンクと海軍工廠の破壊を達成できるだろうか。

こうして考察してみれば、真珠湾の第二撃は計画もされていなければ、その用意もなかったと結論づけてもよかろう。

結語

以上検討してきたように、真珠湾攻撃は、アメリカが中立から脱して参戦することを許した戦略的失敗だったという批判は正当ではない。必敗の戦争に突入し、巨人アメリカを連合国の陣営に決定的に押しやった日本の決断こそが政戦略レベルの愚行だったのである。作戦次元でみるならば、真珠湾攻撃がなければ、その愚行さえも初期段階でつまずいていたかもしれない。

連合艦隊司令長官山本五十六は当初、真珠湾攻撃を戦争そのものを決する戦略的打撃たらしめることを企図していた可能性があるが、日本の国力からすれば、かかる規模の作戦実施は無理だった。

最終的には、真珠湾攻撃の目的は、米太平洋艦隊主力の撃滅とそれによる南方侵攻の側背掩《そくはいえん》護《ご》に後退した。しかし、そのかぎりにおいては、連合艦隊、なかんずく機動部隊は、与えられた任務を完璧に達成したといえよう。

それ以上でも以下でもない。

註

（1）日本軍のハワイ占領計画を研究したジョン・J・ステファン（ハワイ大学歴史学科の教授であった）の著書『日本国ハワイ』には、興味深い記述がある。やや長くなるが引用する。

「黒島〔亀人〕大佐と渡辺〔安次〕中佐は、一九四一年夏に、オアフ島、マウイ島、ハワイ島に海空両方からの上陸〔・降下〕の可能性を検討した。彼らは、真珠湾攻撃の直後に上陸が行なわれるならば、そうした作戦が成功する可能性は良好であるという暫定的《ざんていてき》な結論に達した。黒島と渡辺は、太平洋艦隊が多大な損害をこうむることを仮定してはいるが、兵員輸送船を予定の地点につけるのはそれほど困難ではないだろうと見積もっている」。

「連合艦隊内でハワイ攻略が話題になっているのを軍令部が聞きつけた時、それは歓迎されなかった」。

「そのリハーサル〔真珠湾攻撃の図上演習〕の最中に、黒島大佐と軍令部次長の伊藤整一少将が、真珠湾急襲直後の海空両面からのオアフ島上陸の成否をめぐって、激論をたたかわせた。アメリカ軍は空襲に動揺して態勢を立てなおす余裕がないであろうから、緩慢な攻撃でも成功するだろうと黒島は主張した。伊藤はこれに異議を唱え、両面作戦（攻撃および攻略）は複雑で危険すぎることを強調した。そのうえ、タンカーや輸送船は東南アジアにおける作戦行動にどうしても必要とされていた」。

「山本〔五十六〕はこの議論を黙って見ていたが、やがて一つの結論を出した。黒島の大胆さより、伊藤の慎重さに軍配をあげたのである」(ジョン・J・ステファン『日本国ハワイ』)。

　かかる事実があったとするなら、真珠湾攻撃にハワイ上陸・占領を組み込む案は具体的に検討されていたことになるが、『日本国ハワイ』の出典註(邦訳では割愛されている)に挙げられている文献、阿川弘之の山本五十六伝英訳版(Hiroyuki Agawa, *The Reluctant Admiral*)や、太平洋戦争中、米海軍情報部に勤務していたホームズの著書(W. J. Holmes, *Double-Edged Secrets*)などをチェックしても、そうした記述はない。したがって、ステファンの指摘が何を根拠にしているのかは不明で、その記述を採用することは留保せざるを得ないだろう。

(2) 機動部隊の艦艇の多くは、漸減邀撃作戦構想にもとづき、日本近海で行動することを前提に設計されており、航続能力が不足していた。そのため、真珠湾攻撃にあたっては洋上給油が必要であり、これに失敗すれば、巡洋艦や駆逐艦、空母の一部までもハワイ海域に到達できなくなると危惧《きぐ》されていた。

(3) 真珠湾港内の浅い海面での雷撃や碇泊中の艦列の陸地側にある戦艦を爆撃するため(艦列外側の敵艦が楯になるので、雷撃はできない。付図「真珠湾の米太平洋艦隊」参照)、特殊な魚雷ならびに徹甲爆弾を準備しなければならなかった。

(4) 拙著『「太平洋の巨鷲」山本五十六』(角川新書、二〇二一年)では、この論点を山本五十六と軍令部の「温度差」から解釈したが、その後、本章に示した見解に傾いていることを付言しておく。

(5) ハワイ作戦策定時には、第一・第二航空戦隊(空母四隻)のみを投入する予定であったけれども、空母「瑞鶴《ずいかく》」「翔鶴《しょうかく》」の就役が間に合い、この二隻を擁する第五航空戦隊も参加した(表「機動部隊の構成」参照)。

第七章

勝つべくして勝つ

——第二次エル・アラメイン会戦（一九四二年十月—十一月）

行き詰まった攻勢

一九四二年八月、北アフリカの独伊枢軸軍は絶頂にあった――あるいは、そのようにみえた。「砂漠の狐」と讃えられたドイツのエルヴィン・ロンメル将軍の指揮する「アフリカ装甲軍《パンツァーアルメー・アフリカ》」は、戦略的に重要な要塞・港湾都市トブルクを陥落させ、さらにイタリア領リビアからエジプト（第一次世界大戦後に独立したが、イギリスの間接支配下にあった）へと長駆東進したのだ。その勢いたるや、ナイル河口の三角州に位置する要衝アリグザンドリアはおろか、首都カイロをおびやかすかとさえ思われた。

だが、表面上の快進撃にもかかわらず、ロンメル元帥（トブルク占領の功により、この軍隊最高の階級に進められた）は焦っていた。麾下《きか》の諸部隊、とりわけ打撃力の中核である装甲部隊は激戦により著しく消耗しているのに、輸送力不足ゆえに増援・補充も補給もままならない(1)。それに対して、敵のイギリス第八軍は退却するにつれ、策源地のアリグザンドリアに近づくわけであるから、補給線は短縮され、増援強化も容易になっていく。

アフリカ装甲軍に衝力《モーメンタム》が残っているうちに、そして、英第八軍が敗北の混乱から立ち直り、陣を立て直す前に、決定的な打撃を与えなければならない！

しかし、敗れた第八軍司令官ニール・リッチー中将を解任し、自ら直接同軍の指揮を執った中東方面司令官クロード・オーキンレック大将は、ロンメルの企図《きと》の実現をやすやすと許すよ

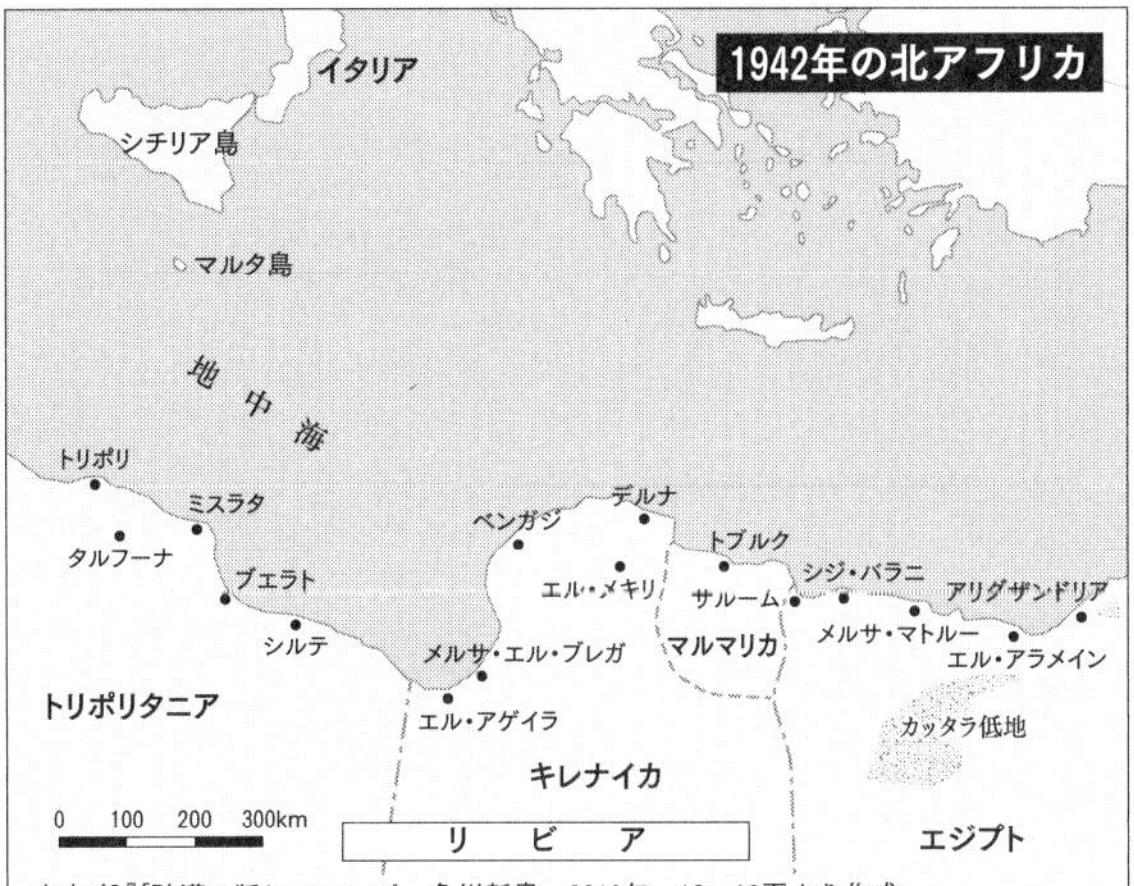

大木 毅『「砂漠の狐」ロンメル』、角川新書、2019年、18〜19頁より作成

うな人物ではなかった。彼は、アリグザンドリアの西方およそ百キロ、カイロからは北西二百四十キロに位置するエル・アラメイン周辺の地域に陣地を構築する。

ここは、ロンメル得意の機動戦を封じるには絶好の地形であった。というのは、イギリス軍からみて右翼（北翼）は地中海で掩護《えんご》され、戦線の後方にまわりこむことは不可能だ。

ところが、逆側の左翼（南翼）から迂回しようとしても、そこには「カッタラ低地」、水が干上がってできた塩沼《えんしょう》が点在する流砂地帯が立ちはだかっている。通常の車輛《しゃりょう》はもちろん、履帯《キャタピラ》を装備した車輛でも通過できない地形なのである。したがって、枢軸軍も正面から攻撃するしかないということになる。

ロンメルは、比較的道路が整備された北部で牽制《けんせい》攻撃を行ないつつ、主力の装甲部隊に南部の砂漠を突破させ、敵の側背《そくはい》を衝《つ》くという策を好んで使ったが、それを封じるには絶好の地勢だった。ここを最後の防衛陣に選んだオーキンレックは、さすがに慧眼《けいがん》だったといえよう。

事実、七月一日から開始されたアフリカ装甲軍の攻撃は挫折した。ただでさえ戦力が枯渇《こかつ》しかけていた枢軸軍は、英軍陣地に突入したものの、反撃を受けて引き下がらざるを得なかったのだ（第一次エル・アラメイン会戦）。それでも、ロンメルはあきらめず、八月三十日に攻勢を再開したけれども、やはり決定的な戦果は得られず、作戦中止に至っている。なお、この戦闘——アラム・ハルファの戦いまでに、イギリス軍には重要な変化が生じている。それについては、アラム・ハルファ戦の経緯とあわせて、後段で述べよう。

いずれにしても、北アフリカにおいて戦略的な意味を持つ枢軸軍の攻勢としては、これが最後のものとなった。ロンメルとアフリカ装甲軍の栄光は陰りはじめたのである。

「悪魔の園《トイフェルスガルテン》」

かかる戦況に、ロンメルが大きな心痛を覚えたであろうことは想像にかたくない。けれども、「砂漠の狐」を苦しめていたのは、任務の困難ばかりではなかった。彼は、一九四一年二月の着任以来、一年半にわたり、北アフリカの砂漠で苛酷な生活に耐えてきたのだが（食事も兵士と同様のものしか摂らなかったといわれる）、その肉体はすでに限界に達していたのだ。

一九四二年八月の従軍医師の診断では、ロンメルは胃腸障害のため、血圧が低下、失神しがちになっており、肉体的・精神的負担と芳しからざる風土によって健康を損なっているとされていた。こうなっては、ヨーロッパで長期療養せよとの医師の命令にしたがうほかない。九月二十一日、ロンメルはイタリアに向けて飛び立つ。しかし、砂漠を去る「狐」は、アフリカ装甲軍の後任司令官となるゲオルク・シュトゥンメ装甲兵大将に、今後採るべき策を言い残していった。

英第八軍は六週間ないし八週間のうちに反攻に出るであろう。その際、装甲師団や自動車化部隊がはなはだ消耗し、燃料も乏しくなった枢軸側としては、機動防御で対応することができない。ならば、エル・アラメイン正面に徹底的に野戦築城をほどこし、攻撃するイギリス軍を消耗させ、拒止《きょし》することだ。その場合、七月から八月にかけて枢軸軍を阻んだ迂回不能の地勢が、今度はイギリス軍を正面突撃に追い込むことになる……。

ここまで何度も述べてきた戦争の諸階層《レヴェルズ・オヴ・ウォー》からみれば、ロンメルが採用したのは、戦略次元での不利を下位次元の対応、つまり、作戦・戦術的な方策で補おうとする、問題のある策であった。それでも、この方針のもと、枢軸軍は陣地構築に励む。

「個々の防御施設は左のように構成される。各所に前哨点を配置しただけの地雷原を、無人地帯に膚接《ふせつ》したかたちで設置する。が、主陣地帯は、最初の地雷封鎖帯より西方一ないし二キロの線に置き、縦深は二ないし三キロとする。その後方には装甲師団が梯隊《ていたい》を組み、師団砲兵を以《もっ》て主陣地帯を支援、それぞれの戦区の防御力を高めることとした。イギリス軍が突破口を開きはじめた場合には、装甲・自動車化師団が南北から急行し、危険な地点の穴をふさぐのである」（エルヴィン・ロンメル『「砂漠の狐」回想録』）。

枢軸軍にしてみれば、予想されるイギリス軍の攻撃を、この陣地帯でくいとめられるかどうかは死活問題だった。戦力低下と燃料不足に悩む枢軸軍装甲部隊でも、戦線に生じた間隙部《かんげきぶ》に割り入って反撃をかけ、突破を封じることぐらいはできよう。けれども、ひとたび突破を許し、本格的な機動戦になった場合、とうてい対応しかねるのであった。

そのため、陣地の強化にも力が入った。

「陣地構築には、大量の地雷が使用された。イギリス軍からの鹵獲品《ろかく》も含めて、およそ五十万個の地雷が防御施設に敷設されたのだ。陣地守備にあたる諸団隊は、側面、さらには後背部も防御可能とすることに重点を置いた。鹵獲されたイギリス軍の航空爆弾と砲弾も、電気信管で爆発させられるようにして、同様に地雷原に埋め込まれた」（前掲『「砂漠の狐」回想録』）。

かくて構築された強力な陣地は「悪魔の園《トイフェルスガルテン》」と称せられた。イギリス軍にとっては、来《きた》るべき攻勢において、この「悪魔の園」を覆滅《ふくめつ》・突破することが重要かつ困難な課題となるであろう。

「モンティ」登場

しかし、実はこの間、すでに触れたようにイギリス軍には重大な変化が生じていた。第八軍司令官の更迭だ。英首相ウィンストン・チャーチルは、オーキンレックの姿勢は消極的であるとみて、彼を解任し、「モンティ」こと、バーナード・ロー・モントゴメリー中将を新司令官に据えたのである。[2]

　モントゴメリーは一八八七年生まれで当時五十四歳、ロンメルよりも四つ年上であった。アイルランド教会の聖職者の家に生まれたひとらしく、早くから「スパルタ的将軍」との評価を得ていた。その彼が、第二次世界大戦で名を上げたのは、一九四〇年の西部戦線においてであった。第三師団長を務めていたモントゴメリーは、ダンケルクに至るまでの退却戦で巧妙な指揮を示し、陸軍上層部に認められたのだ。

「モンティ」こと、バーナード・ロー・モントゴメリー中将

　さりながら、自ら恃《たの》むところが厚く、上官と対立することもしばしばであったため、英本土の陸軍南東管区司令官としてくすぶっていたのだが、帝国参謀総長アラン・フランシス・ブルック（初代アランブルック子爵）大将の推挙を受けて、第八軍司令官に補せられたのである。

　モンティの鼻っ柱の強さは、前掲のチャーチル回想録にも引かれている、ある有名な挿話によく示されている。モントゴメリーが北アフリカに出発する際、「気楽な戦争をやってきたが、いまや、ずっと厄介《やっかい》なことになった」と洩らすのを聞いた同僚が彼を励ますと、つぎのような言葉が返ってきたというのだ。「私のことじゃないよ。ロンメルについて話しているのさ」。

もっとも、このエピソードは出所がさだかではなく、おそらくモンティがエル・アラメインの勝者となったのちにつくられたものであろうと推定されている。けれども、彼の人となりについて、当時こうした理解がされていたこと、また、第八軍司令官就任当時のモントゴメリーが、ここにシンボライズされているように自信満々だったことは事実であろう。しかも、その確信は根拠のないものではなかった。

モントゴメリーは、戦争の潮目が変わりつつあるのを見て取っていたのである。既述のごとく、当時の枢軸軍は消耗し、増援・補充も補給もままならない状態であった。それに対し、イギリス側は大英帝国の総力を挙げて中東の保持に努め、「民主主義の武器庫」たる同盟国アメリカも装備・物資の供給を惜しまなかった。そうした注力を受けた第八軍は、日に日に強大になっていく。したがって、いかに枢軸軍が優勢にみえても、どこかで彼我《ひが》の戦力は逆転する——それも決定的に。

八月十三日、北アフリカに着任したモントゴメリーは、第八軍司令部の要員すべてを招集し、今後の見通しと作戦指導について述べた。

「ロンメルが近くわが軍を攻撃せんとしていることはわかっている。ただちに攻めてくるようなら、それは牽制だろうし、一週間以内ならば真っ当な攻撃ということになろう。われわれに二週間の時を許したなら、ロンメルも好きにやれるだろうが、拒止されてしまうはずだ。そこからが、わが軍の手番となる。しかし、準備がととのうまで、わが方の攻撃を発動しようとは思わない。時機が来れば、われわれはロンメルを叩きのめし、アフリカから駆逐するであろう」（B・L・モントゴメリー『モントゴメリー回想録』）。

つまり、モンティは、イギリス側の戦略的優位を十二分に生かし、作戦・戦術上の冒険を行なう誘惑にかられることなく、緻密に攻撃を遂行すれば、おのずから勝利が得られると洞察していたのだ。当時の枢軸軍にとっては、もっとも危険で不都合な戦争流儀《ウェイ・オヴ・ウォー》であった。

なお、こうした状況下、ロンメルとの最初の手合わせになったアラム・ハルファの戦いは、モントゴメリーの予想通りになった。枢軸軍の暗号通信を傍受解読していた（有名な「ウルトラ」情報である）イギリス軍は、アフリカ装甲軍がエル・アラメイン陣地の南部を攻撃、突破後に旋回・北進する計画であることを知っていた。モントゴメリーは、そうして枢軸軍攻撃部隊が南部に突出した時点で、その両側面を叩くことができるように、英軍部隊を配置していたのである。モンティのもくろみは図に当たり、アフリカ装甲軍は大損害を出して、攻撃を中止したのであった。

万全を期す

アラム・ハルファの戦いで枢軸軍が撃退されたのをみて、チャーチル首相は歓喜し、すぐさま反攻に出るよう、矢の催促《さいそく》をしてきた。(3) しかし、モントゴメリーは頑《がん》として動かない。彼は、そうした拙速の攻撃こそが、ロンメルの名をいたずらに高からしめたのであって、それを繰り返さないためには、まず質量ともに充実した戦力を整備することが肝要であると知っていたのだ。モンティは結局、十月下旬まで約二カ月間待った。

加えてモントゴメリーは、南北両翼を海とカッタラ低地に守られ、迂回不可能な陣地「悪魔の園」を正面から突破するという困難な課題に直面していた。彼の処方箋《しょほうせん》は古典的なものだった。第一次世界大戦では、「砲兵が耕し、歩兵が占領する」ということがよく言われたが、ここエル・アラメインでも、砲撃によって、敵砲兵と歩兵の陣地を破砕、突破口を開くのだ。

だが、第二次世界大戦のやり方が第一次世界大戦のそれとまったく同じでないことはいうまでもない。モントゴメリーは、枢軸軍陣地帯内に打通《だつう》した回廊に、機甲部隊を主体とし、大きな機動力を有する第一〇軍団を突入させ、反撃してくる枢軸軍装甲部隊と雌雄《しゆう》を決するとの構想を抱いていた。「砲兵が耕し、歩兵が占領、そこから戦車が突進する」というわけである。

しかし、彼は当初の計画を修正することになった。彼のみるところ、イギリス軍諸部隊の練度はいまだ充分ではない。その状態で百戦錬磨の枢軸軍装甲部隊との交戦に至れば、寡《か》を以《もっ》て衆を制するチャンスを与え、思わぬ損害を出すことになりかねないと危惧したのだ。ゆえに、モントゴメリーは、敵の非機械化部隊を各個撃破しているあいだ、枢軸軍装甲部隊の反撃を封じることに機甲部隊を用いると決めた。

シャーマン戦車に乗り込もうとするイギリス戦車兵

適切な判断であった。現場指揮官のイニシアティヴや将兵の練度・経験がものを言う機動戦を避け、計算ずくの消耗戦（この場合は、一方的に敵を減衰《げんすい》させることを意味する）を実行するというのは、イギリス軍の物量の優位を活用する上で最適解だったからである。

また、戦術的には地雷原の啓開・突破の要領に習熟し、夜陰《やいん》に乗じて行動できるようにすることが重要であったから、それらに重点を置くよう、指示を下す。自ら直接、現場の部隊を視察することもしばしばだった。

かくて、第八軍は優位を確立する。

攻勢開始時の数字でいうと、枢軸軍の地上戦闘要員六万に対し、イギリスのそれは十九万で、およそ三倍の兵力であった。砂漠戦の主役である戦車についても、枢軸軍五百三十輛《りょう》対イギリス軍一千百輛以上となる。しかも、第八軍の保有する戦車の半分以上が、アメリカ製の強力な新型、M3「グラント」、もしくはM4「シャーマン」だった。

機は熟した。攻勢発動日は、夜間の地雷原突破に都合のよい満月の時期を選ぶとの観点から、十月二十三日と決定された。

作戦構想は、北部を主攻（歩兵主体の第三〇軍団が担当）、南部を助攻（やはり歩兵主体の第一三軍団が実施する）とするものになった。主攻の対象となる北部では、第三〇軍団が突破口を開きしだい、そこから二個機甲師団を擁する第一〇軍団を進撃させる。もっとも、これはモントゴメリーが構想した攻勢の第一段階にすぎない。彼は、この作戦は敵陣突入、乱戦、敵部隊の最終的撃破の三段階を経るとみており、それにはおよそ十二日間かかるだろうと予想していた。

こうした企図を隠すために、「バートラム」作戦と称して、さまざまな欺騙《ぎへん》措置が取られた。ダミーの燃料補給用パイプラインが、主攻正面ではない南部に向けて敷設される。南部にはまた、木製のにせ戦車が集められた。一方、北部に集結した戦車群には、それらしくつくった木枠が載せられ、トラックであるかのように偽装されたのである。

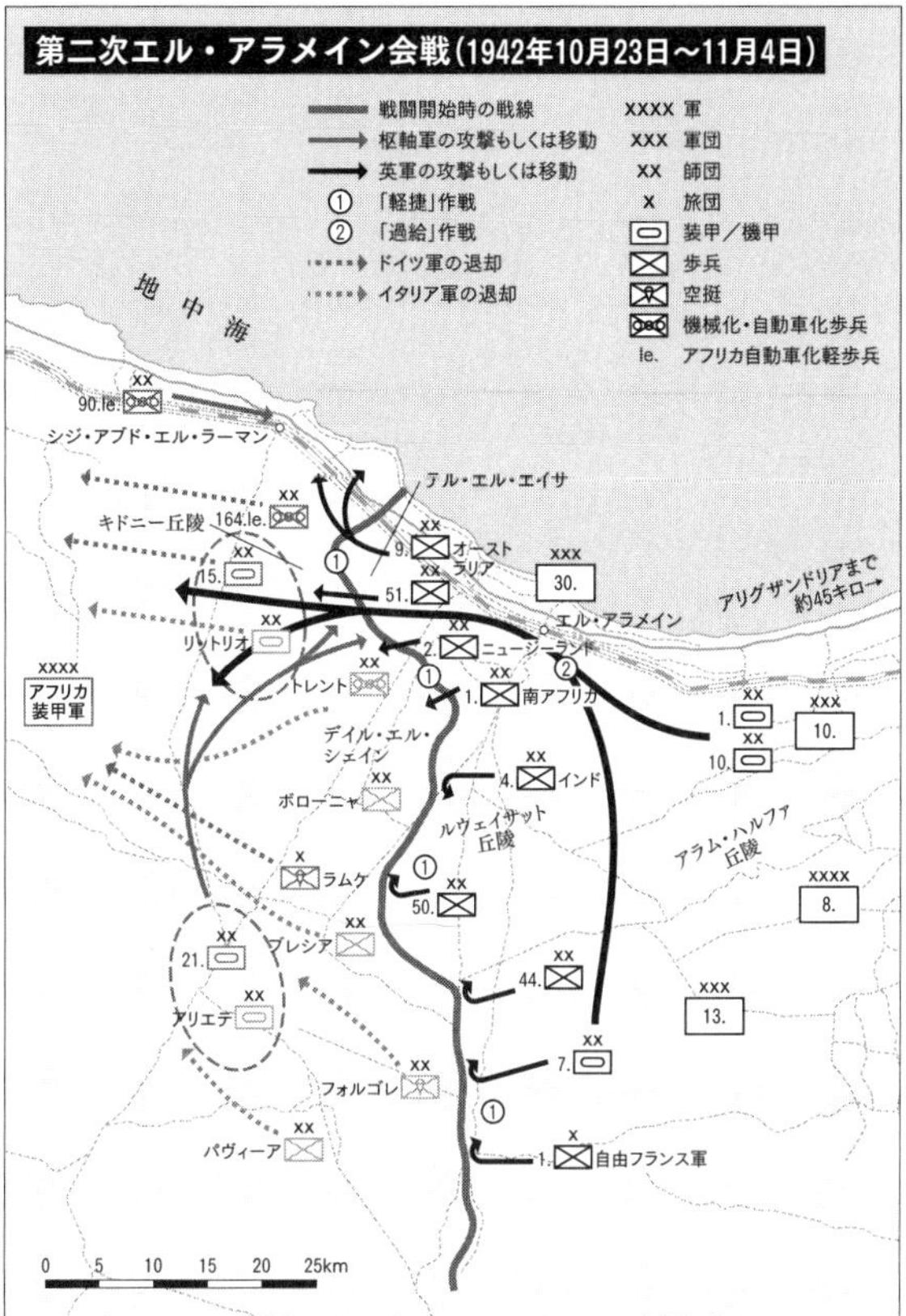

Peter Lieb, *Krieg in Nordafrika 1940-1943*, Ditzingen, 2018, p.102より作成

決壊

一九四二年十月二十三日午後九時四十分、砂漠の静寂《しじま》は、天をもどよもす砲声によって破られた。イギリス軍攻勢の第一段階、「軽捷《ライトフット》」作戦が発動され、第八軍が保持する一千数百門の火砲が準備砲撃を開始したのだ。

かかる戦争の帰趨《きすう》がかかった大攻勢初日の晩に、モントゴメリーが取った行動は、彼がいかなる人物であったかを余すところなく示しているだろう。第八軍司令官は「本を読んで、早くに就寝」していたのである。

モンティの言い分はこうだ。「その〔攻勢開始の〕瞬間、私はキャラヴァン〔移動宿舎として使用していたキャンピングカー〕で寝入っていた。やれることはなかったし、私が必要になるのはこのあとだとわかっていた。どんな戦闘にも、勝敗がかかった時機というものがある。休めるときにはできるだけ休んでおくというのが、私の考えなのだ。事態が進展するにつれ、そうしておいたのは賢いやり方だったとあきらかになった」（前掲『モントゴメリー回想録』）。

戦況はモンティが豪語した通りになった。与《くみ》しやすしとみていたイタリア軍諸部隊が予想外に激しい抵抗を示すというようなアクシデントはあったものの、圧倒的な砲火のもとに「悪魔の園」は制圧され、稠密《ちゅうみつ》な地雷原にも通路が開かれていく。そこに英軍機甲部隊がなだれこみ、枢軸軍部隊はつぎつぎと撃破された。

アフリカ装甲軍司令官シュトゥンメ装甲兵大将が死亡したことも、枢軸軍の混乱に拍車をかけた。将軍は、二十四日朝におのれの眼で戦況をたしかめようと前線に出たが、そこで心臓発作を起こして急死したのである。

かくのごとき危機に、自宅で療養中だったロンメルも砂漠に呼び戻されることになった。総統アドルフ・ヒトラーよりの直接の電話で、再び指揮を執るべしとの命令を受けた元帥は、二十五日に北アフリカに飛ぶ。

しかし、かつて連合軍を震え上がらせた「砂漠の狐」の魔術的手腕も、論理と物質に基礎を置くモントゴメリーの作戦の前には、その輝きを失っていた。なるほど、前進のテンポは緩慢だったかもしれないが、相手につけいる隙《すき》を与えぬ堅実な攻撃は、着々と「悪魔の園」を無力化し、枢軸軍部隊を消耗させていったのだ。

むろん、一部では枢軸軍が局所的な反撃に成功し、戦線の穴をふさぐことはあったけれども、戦線のあちこちで突破されるという状況にあっては焼け石に水だった。さらに、枢軸軍にとっては不運なことに、戦略的な苦境、すなわち燃料不足を解消しようと、急ぎさし向けられたタンカーも、つぎつぎと撃沈される。

十一月二日、「悪魔の園」を充分無力化させ、枢軸軍部隊を少なからず減衰させたとみたイギリス軍は、「過給《スーパーチャージ》」作戦を発動する。モントゴメリーのいう、敵部隊の最終的撃破の段階がやってきたのである。疲れはてたアフリカ装甲軍には、英第八軍の全面的攻勢を受け止める力はない。

――ダムは決壊した。

「勝利か死か」

ここにおよんでロンメルは退却を決意する。

それに先立つ十月二十九日、彼は、エル・アラメインより約百キロ西方のフカ地域を視察している。もはや現戦線を維持することは不可能と看破《かんぱ》していた「砂漠の狐」は、まず輸送能力に乏しいイタリア軍を後退させて、フカ付近に陣地を構築させたのち、そこに装甲・自動車化部隊を収容することを企図したのだ。

十一月三日、ロンメルは、独伊の最高司令部に状況を報告し、フカへの退却を許可するよう要請した。だが、ヒトラー総統から返ってきたのは、現在地を死守せよとの恐るべき命令だった。その文書は、「貴官は、麾下部隊に対し、勝利か死か以外の選択はないと示すことができよう」という一文で結ばれていた（前掲『「砂漠の狐」回想録』）。

およそ軍事的合理性とはかけ離れた指令ではある。しかし、忠誠を旨とする軍人でもあり、ヒトラーに引き立てられて元帥にまで昇りつめたロンメルとしては、服従しないわけにいかない。ちなみに、ロンメルはのち、一九四四年七月二十日の総統暗殺未遂事件に関与した疑いをかけられ、服毒自殺を強《し》いられる。そうした悲劇的な結末に至るまでに、ヒトラーとロンメルの関係が悪化したのは、この死守命令に起因する後者の不信があったといわれる。

ともあれ、ひとまずロンメルは、総統の命令通り、エル・アラメイン陣地の保持に努めたが、必然をくつがえすことなどできはしない。十一月四日、モントゴメリーは、枢軸軍が陣地から退こうとしないのをいいことに、突破口を開き、機動戦に移ったのである。彼が当時つけていた日記をもとにした記述を引こう。

「午前二時、最終的な突破地域の『ちょうつがい』となっている部分、すなわち、わが軍の穿《うが》った戦線の穴が拡大するのを阻止せんと敵が努めているところに、二カ所から強力な打撃を加えるように指示した。これで戦闘終了だ。
夜明けとともに、装甲車連隊がそこを通過し、まもなく機甲師団群がまんまと開けた砂漠に躍り出た。彼らはいまや地雷原皆無の地にいる。そこでは、機動もできれば、敵後背部や退却する縦隊に対して作戦することも自由自在だった」（前掲『モントゴメリー回想録』）。

一方の枢軸軍にしてみれば、総統の死守命令によって生じた二十四時間の無為は致命的な結果をもたらしていた。その間に、アフリカ装甲軍は、歩兵が大損害を受けたのに加えて、多数の戦車、自動車、火砲を失ったのだ。

十一月四日、ロンメルは独断で、他にいかなる指示があろうとも即刻退却せよと命令を下す。皮肉なことに、その夜、ヒトラーならびにイタリアの独裁者である「統領《イル・ドゥーチェ》」、ベニート・ムッソリーニから撤退を認める指令が舞い込み、ロンメルの決断は追認されるかたちとなった。

モンティは慎重すぎたのか

かくて、第二次エル・アラメイン会戦は終わり、英第八軍は追撃戦に移った。

しかし、この段階、あるいは会戦中の措置について、モントゴメリーは批判を受けている。彼の作戦指導は慎重に過ぎ、追撃も勢いを欠いた。補給態勢を確立した上で、充分な兵力がととのわなければ攻撃しなかったため、しばしば枢軸軍撃滅の好機を逃したというのである。

たしかに、ロンメルのアフリカ装甲軍は、きわめて困難な状況にありながらも、エジプトからリビア、さらには十一月八日の連合軍のモロッコとアルジェリアへの上陸（「たいまつ《トーチ》」作戦）によって、つぎなる戦場になると決まったチュニジアへの長距離退却戦を成功させた。それを考えれば、モンティは大胆さに欠けていたという評価（おもにドイツの将軍たちから出されていた）は的を射ているようにみえる。

けれども、かような批判は重大な前提を見落としている。当時、イギリスはなお世界に領土・植民地を有する「日の没することのない帝国」であり、そのリソースを注いでつくられた物質的戦力は、枢軸側を圧していた。だが、人的資源となると、一九三九年の開戦以来の損害により、けっして浪費を許されない状況におちいっていたのである。モントゴメリーは、こうした戦略環境のもと、枢軸軍撃破と第八軍将兵の損害抑制という二重の課題に取り組まなければならなかったのだ。

モントゴメリー自身、エル・アラメインから戦争終結までの作戦に成功した理由の一つとして、人命尊重を挙げている。

「私は、戦争における人的要因、そして麾下将兵の生命を可能なかぎり最大限にまで保持することの重要性を理解していたのだ」（Bernard Law Montgomery, *El Alamein to the River Sangro/Normandy to the Baltic*）。

こうした配慮は、必ずしも人道的な理由のみでなされたわけではなかっただろう。

ともあれ、モンティは、エル・アラメイン陣地を覆滅し、枢軸軍をエジプトとリビアから駆

第二次エル・アラメイン会戦の両軍戦闘序列
(1942年10月23日)

〈イギリス軍〉

- 第８軍
  - 第10軍団
    - 第１機甲師団
    - 第10機甲師団
  - 第13軍団
    - 第７機甲師団
    - 第50師団
    - 第44師団
  - 第30軍団
    - 第４インド師団
    - 第51師団
    - 第９オーストラリア師団
    - 第２ニュージーランド師団
    - 第１南アフリカ師団

〈枢軸軍〉

- アフリカ装甲軍
  - 第10軍団
    - 第17パヴィーア師団
    - 第27ブレシア師団
    - 第185稲妻《フォルゴレ》空挺師団
  - 第21軍団
    - 第102ニトレント自動車化歩兵師団
    - 第25ボローニャ師団
  - 第20軍団
    - 第132アリエテ装甲師団
    - 第133リットリオ装甲師団
    - 第101トリエステ機械化歩兵師団
  - ドイツ・アフリカ軍団
    - 第15装甲師団
    - 第21装甲師団
    - 第90アフリカ自動車化軽歩兵師団
    - 第164アフリカ自動車化軽歩兵師団
    - ラムケ空挺旅団

Roger James Bender/ Richard D. Law, *Uniforms, Organization and History of the Afrikakorps,* San Jose, CA., 1973; Jack Green/ Alessandro Massignani, *Rommel's North Afrika Campaign, September 1940-November 1942,* Canshohocken,PA,1994 により作成

逐するという任務を果たした。しかも、第二次エル・アラメイン会戦で英第八軍がこうむった人的損害は、戦死者二千三百五十名、負傷者八千九百五十名、行方不明者二千二百六十名にとどまっていたのである(Ian Stanley Ord Playfair et al., *The Mediterranean and Middle East, History of the Second World War*, Vol. IV)。

結語

以上、観察してきたように、第二次エル・アラメイン会戦は、イギリス軍が勝

つべくして勝った戦いであった。戦略次元でみれば敗北必至であった枢軸軍は、作戦・戦術次元でイギリス軍を拒止することによって、退勢をくつがえそうとしたが、それはしょせん戦理にかなわぬ策でしかなかったのだ。

この枢軸軍と対峙《たいじ》したイギリス軍は圧倒的な戦力を以て敵を撃滅した。しかしながら、その勝因を物量のみに帰することは必ずしも正しくないだろう。というのは、モントゴメリーは、作戦・戦術レベルでも、枢軸軍にいっさいチャンスを与えずに攻勢を遂行、戦略次元の優位を遺憾《いかん》なく発揮したからである。彼が作戦の継続期間や自軍の損害をほぼ正確に予想していたという挿話は、その作戦が堅実かつ精密であったことを証明している。

チャーチルは、本戦闘を評して、「エル・アラメインの前に勝利なく、エル・アラメインののちに敗北なし」と述べた。それほどに決定的な画期となったのである。だが、もし第八軍司令官がモンティでなかったとしても、イギリス軍は第二次エル・アラメイン会戦に勝っていたかもしれない。けれども、彼以外の司令官のもとでは、かくも一方的な勝利にはならなかったであろう。

註

（1）北アフリカの枢軸軍が補給不足におちいったのは、イタリア海軍が海上輸送・護衛の任を果たすのに失敗したため、地中海越えで物資を運び込むことができなかったからだと、日本ではしばしばいわれる。しかし、欧米の新しい研究は、北アフリカの港までは相当の装備や物資が到着していたのだが、港の荷揚げ能力が貧弱だったことや、前線までの陸上輸送手段が乏しかったことが、深刻な事態をもたらしたことをあきらかにしている。

（2）もっとも、チャーチルは最初、第一三軍団長だったウィリアム・ゴット中将を後任とするつもりだった。しかし、八月七日に乗機が不時着したあとの交戦によりゴットが戦死したために、モントゴメリーを選んだのである。

（3）たとえば、十月に攻勢を開始すると報告したモントゴメリーに対し、チャーチルは九月に繰り上げて実施せよと要求してきた。モントゴメリーは、「ホワイトホール〔政府〕が九月の攻撃を命じるならば、誰か別の人間にやらせなければならぬということになろう」と、辞職をちらつかせ、この件は沙汰やみになった（前掲『モントゴメリー回想録』）。

（4）枢軸側は、ドイツ軍部隊を、装備や練度で劣るイタリア軍部隊のあいだに挟み込み、防御陣を支える「コルセット」とする措置を取っていた。イギリス軍は、この点に着目し、戦線の独伊部隊接続部を攻撃、イタリア軍部隊を孤立させた上で撃破するとの方針でのぞんでいた。

第八章

「物語」の退場

——クルスク会戦(一九四三年七月—八月)

コペルニクス的転回

一九四三年七月にドイツ軍とソ連軍のあいだに生起した激戦、いわゆるクルスクの戦いについて、かつては、つぎのような劇的な展開が伝えられていた。

一九四三年初頭のスターリングラードにおける大敗を受けて、一時は崩壊に瀕《ひん》したドイツ軍東部戦線は、エーリヒ・フォン・マンシュタイン元帥の天才的な作戦指揮によって立て直された。総統アドルフ・ヒトラーは、この機会に戦略的主導権を取り戻すべく、将軍たちの反対を押し切って、南部ロシアのクルスク市方面に形成されていたソ連軍戦線突出部の挟撃《きょうげき》・撃滅を命じる。

しかし、「城塞《ツィタデレ》」の秘匿《ひとく》名称を付された作戦は、V号「豹《パンター》」、Ⅵ号「虎《ティーガー》」などの新型戦車の投入に固執《こしゅう》し、それらの数が揃うまで待つべきだとするヒトラーによって、たびたび延期された。だが、ドイツ国防軍最高司令部《オーバーコマンド・デア・ヴェーアマハト》（ＯＫＷ）に張ったスパイ網「赤いオーケストラ」より「城塞」の情報を得たソ連軍は、その間にクルスク突出部に強力な縦深陣地を構築、また厖大《ぼうだい》な兵力を集中して、ドイツ軍を待ち構えていた。

かくて、満を持して発動したはずの「城塞」作戦は蹉跌《さてつ》をきたす。突出部を南北から攻撃したドイツ軍は、ソ連軍の縦深陣地に阻《はば》まれ、決定的な突破をなしとげることができない。それでも、南からの攻撃を担当した装甲部隊《パンツァートルッペン》は、大損害を出しつつも突進したが、ソ連軍戦車部隊はプロホロフカでこれを正面から迎え撃ち、史上最大の戦車戦を勝ち抜いて、ドイツ軍を撃退する。

　こうした攻勢の停滞、また、折からの米英連合軍シチリア島上陸によってイタリア方面の情勢が危うくなったのをみたヒトラーは「城塞」中止を決断、かくて東部戦線の潮目は変わり、ソ連軍の優勢はゆるぎないものとなった――。

　このようなクルスク戦の「物語」は、ソ連側の公刊戦史、マンシュタイン元帥の回想録や元ナチ・エリートのジャーナリスト「パウル・カレル」[1]による独ソ戦記などによって人口《じんこう》に膾炙《かいしゃ》した。それらの文献が邦訳されたこともあって、日本にも、そうしたクルスク戦の像は広く流布した。

　だが、冷戦終結は、かかる解釈の政治的前提を根本からくつがえし、さらに、それまで機密解除されていなかった

エーリヒ・フォン・マンシュタイン元帥（左端）
©Heinz Mittelstaedt/Bundesarchiv

多数の文書の公開をうながした。その結果、欧米の歴史家たちは、驚くべき事実を見いだすことになる。クルスク戦の「物語」は、ソ連側にとっては資本主義（マルクス・レーニン主義の立場からすれば、ナチス・ドイツは金融資本のテロ独裁国家ということになる）に対する共産主義の優位という神話を支えるため、ドイツ側（この場合は当時の西ドイツ）では、敗北の責任をヒトラーに押しつけ、ドイツ参謀本部無謬《むびゅう》論を守るために、いわば独ソのたくまざる協同によって生じたものだったのだ。かような流れを受けて実態解明が急速に進み、同会戦の像も、いわばコペルニクス的転回をとげた。

しかし、かかる転換は、日本ではまだまだ認識されていないようである。筆者は、ここ十年以上にわたり、欧米のクルスク戦研究に関する進展や成果の紹介に努めてきたつもりではあるが、今日、書店にならぶ通俗的な戦記本やミリタリー雑誌などで描かれている認識は一九八〇年代から変わっていないといっても過言ではなく、いささか徒労感を覚えないでもない。

とはいえ、そうした現実がある以上は、ここで再び今日のクルスク会戦像についてまとめておくことも無意味ではなかろう。よって、本章では、現時点でのクルスク戦研究の総決算ともいうべきドイツの研究書（ローマン・テッペル『クルスクの戦い　1943』）をはじめとする諸文献にしたがい、従来の虚像に対して実像を提示するというかたちで、検討を加えていきたい。

攻勢を求めるマンシュタイン

すでに触れたように、「城塞」作戦を発案・推進したのはヒトラー総統だったとする主張は、ながらく定説とされてきた。だが実際にはヒトラーといえども、一九四二年から四三年三月にかけてのスターリングラードとそれに続く諸戦闘による消耗に弱気になっていたらしく、東部戦線のドイツ軍が守勢に立たされたことを認めていたのである。たとえば、一九四三年二月十八日の作戦会議で、ヒトラーは「本年中には、われわれは大きな作戦を実行し得ない」と明言した。続く発言は「いかなるリスクであろうと避けなければならない。私はただ、複数の小さな鉤《ハーケン》を打ち込むことだけを考えている」というものであった（Militärgeschichtliches Forschungsamt, *Das deutsche Reich und der Zweite Weltkrieg*, Bd. 8. 以下、ＤＲＺＷと略）。

ところが、東部戦線南翼の責任を負う南方軍集団司令官マンシュタイン元帥は、より大規模な作戦により、ソ連軍を撃破することをもくろんでいた。彼は当初、ソ連軍に先手を打たせて、可能なかぎりの損害を与えつつ後退、攻勢が延びきって脆弱《ぜいじゃく》な態勢になったところで反攻を開始、敵部隊を撃滅したのちに、もとの戦線まで押し戻すという戦略を考えていた。マンシュタインいうところの「後手からの打撃《シュラーゲン・アウス・デア・ナッハハント》」である。しかしヒトラーは、そのような策は戦争継続上必要なドニェツ河床《かしょう》の資源地帯を放棄することになるから、とうてい認められないと拒否した。

やむなくマンシュタインは、先手を打つべく動きだした。一九四三年二月から三月にかけてのドイツ軍反攻によって生じたソ連軍戦線の突出部に眼をつけ、南方軍集団とその北に位置する中央軍集団によって挟撃するとの構想を抱いたのだ。早くも同年三月八日に提出した情勢判断書のなかで、マンシュタインは、クルスク南方で中央・南方の両軍集団による挟撃を行なうべきだと意見具申している。「城塞」の萌芽《ほうが》であった。

もっとも、のちに実行されたようなかたちでの「城塞」構想を出したのは、マンシュタインではない。前出の歴史家テッペルが究明したところによれば、それは、中央軍集団所属の第二装甲軍司令官ルドルフ・シュミット上級大将だったという。一九四三年三月十日、中央軍集団司令官ハンス・ギュンター・フォン・クルーゲ元帥は、戦線間隙《かんげき》部を埋めるべく、第二装甲軍ならびに新手の第九軍（戦線突出部から撤退したばかりで、自由に使える状態にあった）を以《もっ》て、オリョール南方地域よりクルスクに向けて突進させてはどうかと、シュミットに電話で持ちかけてきた。これに対し、シュミットはその日のうちに文書で回答した。第二装甲軍は困難な防衛戦を遂行中であり、第九軍を投入したとしても、攻撃どころか、戦線を維持するのが精一杯だ。むしろ、まず「攻勢企図《きと》を放棄し、できるかぎり兵力を節約」しなければならない。しかるのち、春の泥濘《でいねい》期終了後に「より強大な兵力を持つ作戦支隊を編合し」、「これを、ハリコフ地域から北方に進撃する〔別の〕支隊との協同のもと、オリョール南方地域からクルスクに向けて投入する」というのがシュミットの提案だった。これは「城塞」作戦に採用されることになる兵力配分であり、クルーゲもその有効性を認めた（前掲『クルスクの戦い 1943』）。

一九四三年三月十三日、ヒトラーは陸軍参謀総長クルト・ツァイツラー歩兵大将とともに、スモレンスクに置かれていた中央軍集団司令部を訪問、クルーゲ元帥と中央軍集団麾下《きか》の各軍司令官を招いて、作戦会議を開いた。この席でシュミット上級大将は自らの攻勢計画素案を披露し、ヒトラーを動かしたものと思われる。(2) なぜなら、ヒトラーは同じ三月十三日に、クルスク突出部のソ連軍を南北から挟撃、殲滅《せんめつ》することを目的とする攻勢を準備せよとの作戦命令第五号「来たる数カ月間における戦闘遂行に関する訓令」を下達《かたつ》しているからだ。

とはいえ、ヒトラーはなお他の可能性を模索し、別案の検討を命じてはいたものの、ツァイツラー陸軍参謀総長、クルーゲ中央軍集団司令官、マンシュタイン南方軍集団司令官に加えて、お気に入りの第九軍司令官ヴァルター・モーデル上級大将までもが「城塞」推進にまわったとあって、とうとう押し切られてしまう。四月十五日、ヒトラーは、ドイツ陸軍総司令部《オーバーコマンド・デス・ヘーレス》（OKH）に作成させた作戦命令第六号を発出し、クルスク突出部への攻勢を命じた。

このように「城塞」は、ヒトラーが熱望したわけでもなければ、ソ連という国家に戦略的打撃を与えることを目的とする作戦でもなかった。作戦次元でソ連軍の有力な部隊を撃破、戦線維持と防御態勢の安定を達成しようとした将軍たちの要求が通った結果、実現に至った攻勢だったのである。

なぜ延期を重ねたのか

けれども、よく知られているように「城塞」発動日は何度も延期を重ねた。これについては、ヒトラーが新型戦車をはじめとする強力な兵器が部隊配備されるまで待つべきだと決断したからだとの説明が、しばしばなされてきた。しかし、現在では、別の要因が大きかったのではないかとする議論が有力となっている。

まず、意外に感じられるかもしれないが、当初一九四三年五月一日と予定されていた作戦開始日の延期を求めたのは、中央軍集団の司令官たちだった。五月一日の攻勢発動では、戦車の修理や補充、将兵の休養回復や物資の備蓄が間に合わないと悲鳴を上げたのである。それに対してヒトラーは、すでに触れた作戦命令第六号で二日の延期を認めたものの、さらなる将軍たちの要請を受けて（そのなかにはモーデルやマンシュタインの要求も含まれていた）、四月二十六日に作戦開始は五月五日と、またしてもあらためざるを得なくなった。つまり、従来の説とはちがい、「城塞」延期を主張したのは将軍たちであり、ヒトラーはむしろ急いでいたことになる。

かかるヒトラーの意図については、地中海戦域の動向への配慮が大きかったのではないかとする説が有力になっている。当時、一九四三年四月末には、北アフリカに派遣されていた独伊枢軸軍が潰滅《かいめつ》するのは時間の問題と目《もく》されていた。そうなれば、米英を中心とする西側連合軍が、続いてイタリア本土やバルカン半島に進攻してくる可能性が高い。これに対処するには、東部戦線で短期間に成功を収め、その後地中海に兵力を転用するほかあるまい。それゆえ、ヒトラーは北アフリカの枢軸軍が持ちこたえているあいだ、五月前半に「城塞」を遂行することが必要だと考えたというのが、テッペルによる新しい解釈だ。以下、彼の議論に沿って叙述してみよう。

四月二十七日、柏葉剣付騎士鉄十字章《はくようけんつききしてつじゅうじしょう》を拝受するため、オーバーザルツベルクにあるヒトラーの山荘に到着したモーデル上級大将の報告は、急ぎ「城塞」を発動すべきだと考えていた総統を動揺させた。モーデルは航空写真を示して、第九軍前面のソ連軍陣地は縦深二十キロにおよぶ堅固なもので、それを突破するだけでも六日を要するであろうと報告したのである。それでは、西側連合軍が北アフリカから、イタリア、あるいはバルカンに進んできた場合、ドイツ軍の有力な部隊は「城塞」に拘束されて対応不可能ということになりかねない。そこで、ヒトラーは攻勢開始を六月十二日まで延ばすことを考えはじめた。そうすれば、イタリアとバルカンの防衛準備を進めるとともに、新型兵器を配備する時間も得られよう。

ところが、この案には将軍たちが反対した。五月四日、ヒトラーは、ツァイツラー、クルーゲ、マンシュタイン、装甲兵総監ハインツ・グデーリアン上級大将、空軍参謀総長ハンス・イェショネク上級大将らを南独の大都市ミュンヘンに集め、「城塞」の方針を定める作戦会議を開いた。この席上、延期期間に関する若干の意見の相違はあったとはいえ、グデーリアンを除く将軍たち全員が、六月までの延期は不可なりとしたのである。だが、ヒトラーの決意は変わらず、翌五月五日には、一九四三年六月十二日をあらたな「城塞」発動日とするとの命令を下した。

もっとも、将軍たちの希望が実現していたとしても、天候のファクターゆえに作戦実施は不可能であったことが、現在ではわかっている。挟撃の北の刃《やいば》となる第九軍の戦区では、五月なかばからその末にかけて連日雨が降り、道路（ほとんどが舗装されていなかった）が車輛《しゃりょう》通行不能状態になって、大規模な軍事行動は不可能になっていたのだ。

第九軍が属する中央軍集団では、こうした悪天候による休止期間を、将兵の訓練やオリョール方面の陣地構築、後方をおびやかすソ連パルチザンの制圧作戦に利用した。しかし、この時期のパルチザン部隊はあなどりがたい戦力を有するようになっており、中央軍集団も相当の有力部隊を投入せざるを得ず、それも「城塞」作戦準備の遅延につながったのである。

しかも、この間、五月十三日に、北アフリカの枢軸軍が連合軍に降伏し、地中海方面の情勢はいっそう悪化した。ヒトラーとしては、イタリアが戦争から脱落するようなことになっても、東部戦線から兵力を抽出《ちゅうしゅつ》することなく対応できる態勢をつくるまでは、「城塞」を発動できるものではない。

ために、「城塞」作戦は、延期につぐ延期を経ていった。だが、クルスク方面のソ連軍陣地帯がますます強化され、兵力が増強されるという事態に直面したＯＫＷや中央・南方軍集団の首脳部のあいだに、可及的《かきゅうてき》速やかに「城塞」を実行するか、さもなくば、同攻勢自体を断念すべ

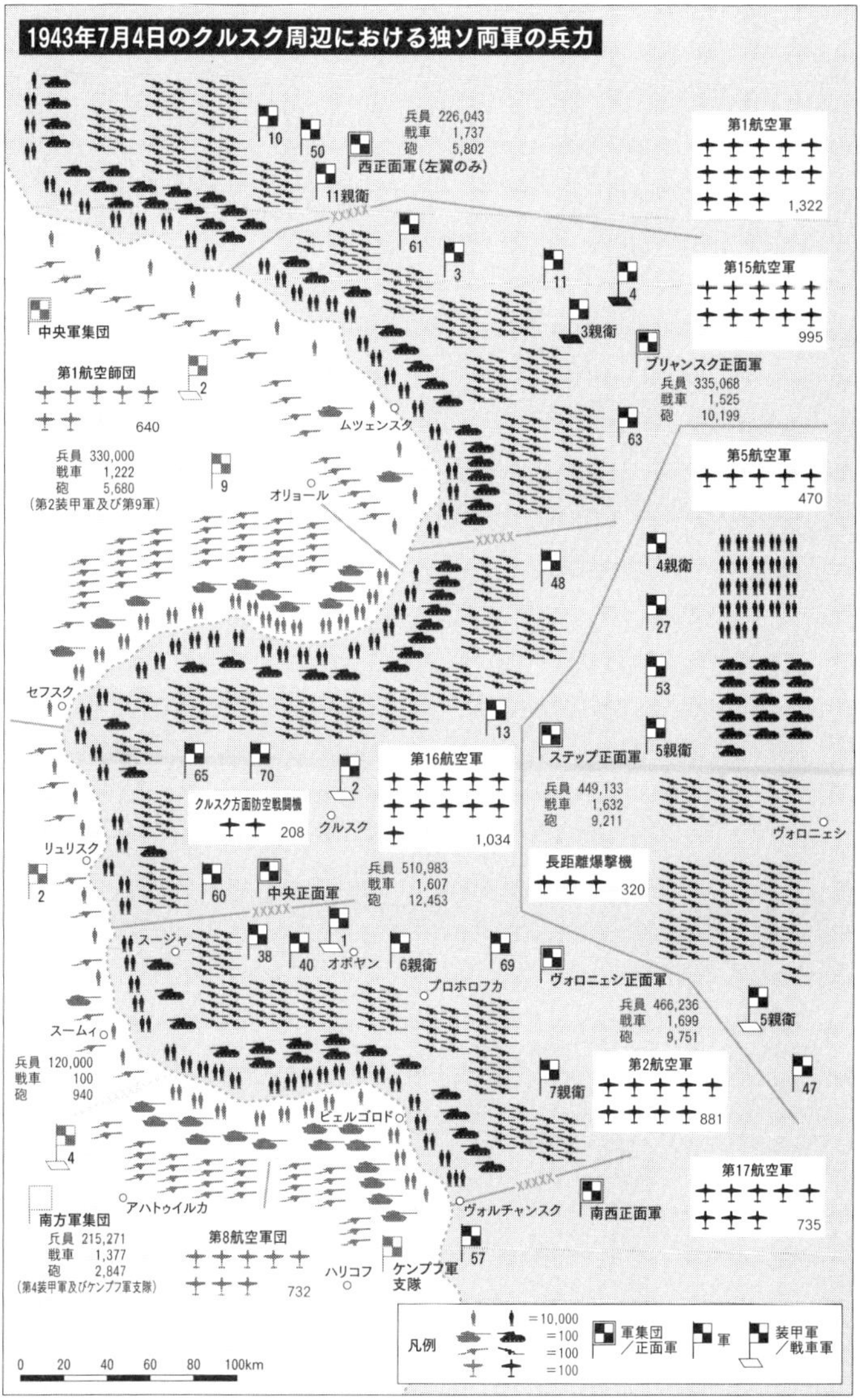
1943年7月4日のクルスク周辺における独ソ両軍の兵力
10
50
兵員 226,043
戦車 1,737
砲 5,802
西正面軍（左翼のみ）
11親衛
第1航空軍
1,322
61
3
11
4
第15航空軍
995
3親衛
ブリャンスク正面軍
兵員 335,068
戦車 1,525
砲 10,199
中央軍集団
第1航空師団
640
2
ムツェンスク
63
兵員 330,000
戦車 1,222
砲 5,680
（第2装甲軍及び第9軍）
9
オリョール
第5航空軍
470
48
4親衛
27
53
セフスク
13
ステップ正面軍
5親衛
65
70
2
第16航空軍
1,034
クルスク方面防空戦闘機
208
クルスク
兵員 449,133
戦車 1,632
砲 9,211
ヴォロニェシ
リュリスク
長距離爆撃機
320
2
60
中央正面軍
兵員 510,983
戦車 1,607
砲 12,453
スージャ
38
40
1
オボヤン
6親衛
69
ヴォロニェシ正面軍
プロホロフカ
兵員 466,236
戦車 1,699
砲 9,751
5親衛
スームィ
兵員 120,000
戦車 100
砲 940
第2航空軍
881
7親衛
47
ビェルゴロド
4
第17航空軍
735
アハトゥイルカ
ヴォルチャンスク
南西正面軍
南方軍集団
兵員 215,271
戦車 1,377
砲 2,847
（第4装甲軍及びケンプフ軍支隊）
第8航空軍団
732
57
ハリコフ
ケンプフ軍
支隊
凡例
=10,000
=100
=100
=100
軍集団
／正面軍
軍
装甲軍
／戦車軍
0 20 40 60 80 100km

DRZW, p.197より作成

きだとする声がわきあがる。

けれども、今度はヒトラーが作戦中止を肯《がえ》んじなかった。北アフリカの枢軸軍降伏という失態による政治的マイナスを取り返すために、いまや東部戦線での成功が必要とされていたのだ。六月十八日、「城塞」作戦実行を決断したヒトラーは翌十九日、攻勢発動は一九四三年七月五日と定めた。

「作戦術」にもとづいた戦略

周知のごとくソ連側は、ドイツ軍の逡巡《しゅんじゅん》によって得られた時間をフルに活用していた。OKW内に巣くったスパイ組織「赤いオーケストラ」の情報を待たずとも、クルスクを中心に張りだした戦線がドイツ・ファシストの眼には絶好の目標と映り、そこに攻勢が向けられるであろうことは、赤軍参謀将校、というよりも、高級統帥の訓練を受けた軍人には自明の理だった。

先手を打っての攻勢継続を主張する最高司令官ヨシフ・V・スターリンと、まずはドイツ軍の攻勢を防御戦で受け止め、消耗させたのちに反攻に移るべきだとする、赤軍大本営《スタフカ》代表のソ連邦元帥ゲオルギー・K・ジューコフが対立するという一幕はあったものの、結局は後者の主張が通った。

その決定にしたがい、要塞化された村落、トーチカ、火点、塹壕《ざんごう》、鉄条網と地雷原から構成された、何重にもおよぶ陣地帯が、クルスク突出部に構築される。だが、とりわけ注目すべきは、戦線突出部が切除された場合に備えて、その東にも強力な防御陣地帯が構築されていたことだろう。

　戦力面でも万全の態勢が取られた。スターリンは、クルスク防衛に任じる中央およびヴォロニェシ正面軍（当時のソ連では、「軍」の上部組織として「正面軍」という単位が置かれていた。ただし、規模としては、ドイツ軍や米英軍の「軍」に相当するものである）の背後に、新しい戦略予備、ステップ正面軍を新設するよう命じたのである。このステップ正面軍は、イヴァン・S・コーニェフ大将指揮のもと、五個軍、一個戦車軍（パヴェル・A・ロトミストロフ中将の第五親衛戦車軍）、一個戦車軍団、二個機械化軍団、三個騎兵軍団を有する総員五十万以上の大軍にふくれあがった（*The Battle for Kursk 1943. The Soviet General Staff Study,* edited by David M. Glantz／マンゴウ・メルヴィン『ヒトラーの元帥　マンシュタイン』下巻）。

　しかし、ソ連軍が優越していたのは、物質面だけではなかった。ジューコフら、赤軍首脳陣は、クルスク突出部にドイツ軍主力を誘引・拘束した上で、他の正面における連続攻勢を発動するとの戦略を練っていた。つまり、戦略次元の目的を達成するために、攻撃や防御、遅滞など、さまざまな作戦的課題を持つ「戦役」（一定の時間的・空間的領域で行なわれる、戦略ないし作戦目的を達成しようとする軍事行動）を配置し、戦争の勝利に結びつけていくという、日露戦争後から考究され、一九三〇年代に完成した用兵思想、「作戦術《アピラーチヴノエ・イスクーストヴァ》」の原則にしたがっていたのだ。

先回りしていえば、こうした「作戦術」にもとづく戦略・作戦は、「城塞」破砕《はさい》に決定的な役割を演じることになる。

「城塞《ツィタデレ》」発動

一九四三年七月五日、「城塞」作戦は開始された。このクルスク突出部の挟撃・切除を企図した攻勢は従来、ソ連軍の縦深陣地によって衝力《モーメンタム》を失い、攻撃の主体となったドイツ軍装甲部隊も著しく《いちじるしく》消耗したとされてきた。しかし、戦闘詳報や戦時日誌といった一次史料にもとづく研究は、クルスク戦の作戦・戦術的な展開が、そうした旧説とはまったく異なる様相を呈していたことをあきらかにしている。以下、まずは北部正面の攻撃を担当した中央軍集団麾下第九軍（モーデル上級大将指揮）の戦いぶりからみていこう。

第九軍の攻撃は当初、幸運にめぐまれていた。ソ連側が仕掛けた攻勢準備破砕射撃（敵攻撃部隊が出撃陣地に入ったタイミングで砲撃を加え、攻勢発動を妨害する戦術）に空を切らせ、(3)さらにソ連軍空襲部隊の接近をレーダーで探知し、空中戦でこれを撃破するという戦果を上げたのである。

ただし、モーデルは慎重な戦術を取った。攻撃第一波には、突撃砲部隊(4)に支援された歩兵師団を当て、虎の子の装甲部隊は、前線に投入した一個師団を除いて、後方に控置《こうち》しておいたのだ。歩兵によって突破口を開き、そこに装甲部隊を投入、機動戦で戦果を拡張するという企図であったが、実は前よりも後ろを気にしての措置でもあった。付図を見ればわかるように、中央軍集団は南で攻勢をかける一方、北ではいつ攻勢をかけてくるともしれぬソ連ブリャンスク正面軍に対峙《たいじ》していた。それゆえ、中央軍集団で最強の戦力を有するモーデル第九軍は、ブリャンスク正面軍が攻撃してきた場合の対応と、「城塞」作戦の二つの任に備えることができる位置に装甲部隊を配しておかなければならなかったのである。ソ連側からみれば、先に触れた「作戦術」思想にもとづき、ブリャンスク正面軍の攻勢戦役をちらつかせることで、クルスク突出部の防御戦役を間接的に支えていたことになる。

　ともあれ、背後に脅威を抱えた第九軍としては、性急にことを進めることはできなかった。しかも、相対したソ連中央正面軍のうち、ドイツ軍の主たる攻勢軸にたちはだかったのは、とくに増強されたソ連第一三軍[5]だったから、戦闘はおのずから激烈なものになった。六日、第九軍の攻撃を受け止めたソ連中央正面軍司令官コンスタンティン・K・ロコソフスキー上級大将は、麾下の第二戦車軍に反撃を命じる。不幸にも同戦車軍は、モーデルが投入した新型戦車ティーガーに遭遇、たちまち撃破されてしまった。第二戦車軍所属の第一〇七戦車旅団などは数分間のうちに、保有する戦車五十一輌《りょう》のうち、四十七輌を失ったといわれる。中央正面軍は、あわてて戦車を引っ込め、車体を地中に埋めて砲塔だけを地上に露出するかたちにして、一種のトーチカとして使用するようになった。

　こうしてソ連軍を撃退した第九軍は、クルスク北部正面に圧迫を加えていく。焦点となったのは、クルスク・オリョール鉄道上にあるポヌィリの町とオリホヴァトカ高地だった。後者は、いわゆる瞰制《かんせい》高地、クルスク市までの一帯を見下ろす高台にあったから、南下進撃のためには、ここを占領することが必要不可欠だったのである。この二つの要点をめぐって、一進一退の攻防が続く。だが、七月十二日、第九軍の攻撃は唐突《とうとつ》な終わりを迎えた。

ソ連軍のブリャンスク正面軍が西正面軍左翼と協同、オリョールをめざす攻勢を開始したのだ(「クトゥーゾフ」作戦)。この正面を守っていたドイツ第二装甲軍は弱体な戦力しか有しておらず、状況は危機的なものとなった。交通の結節点であり、重要な補給拠点であるオリョールが占領されれば、攻勢などとうてい続けられるものではない。中央軍集団司令官クルーゲ元帥は、第九軍より歩兵師団と装甲師団を抽出、第二装甲軍の増援に向かわせるべしとの命令を下達した。ソ連軍のオリョール方面戦役が、クルスク方面防御戦役と連動し、作戦・戦術次元では優勢だったドイツ軍に、北部正面での攻勢を断念させたのである。

プロホロフカの「笑劇《ファルス》」

一方、クルスク南方でも、七月五日にマンシュタイン元帥のドイツ南方軍集団が攻勢を開始していた。モーデルとは異なり、最初から装甲部隊を投入しての南方軍集団の攻勢は比較的順調に進んだ。ヘルマン・ホート上級大将の第四装甲軍は、二日間の激戦ののち、ソ連軍陣地帯の第一線および第二線を突破する。新型戦車ティーガーやパンターも、さまざまな技術的不備

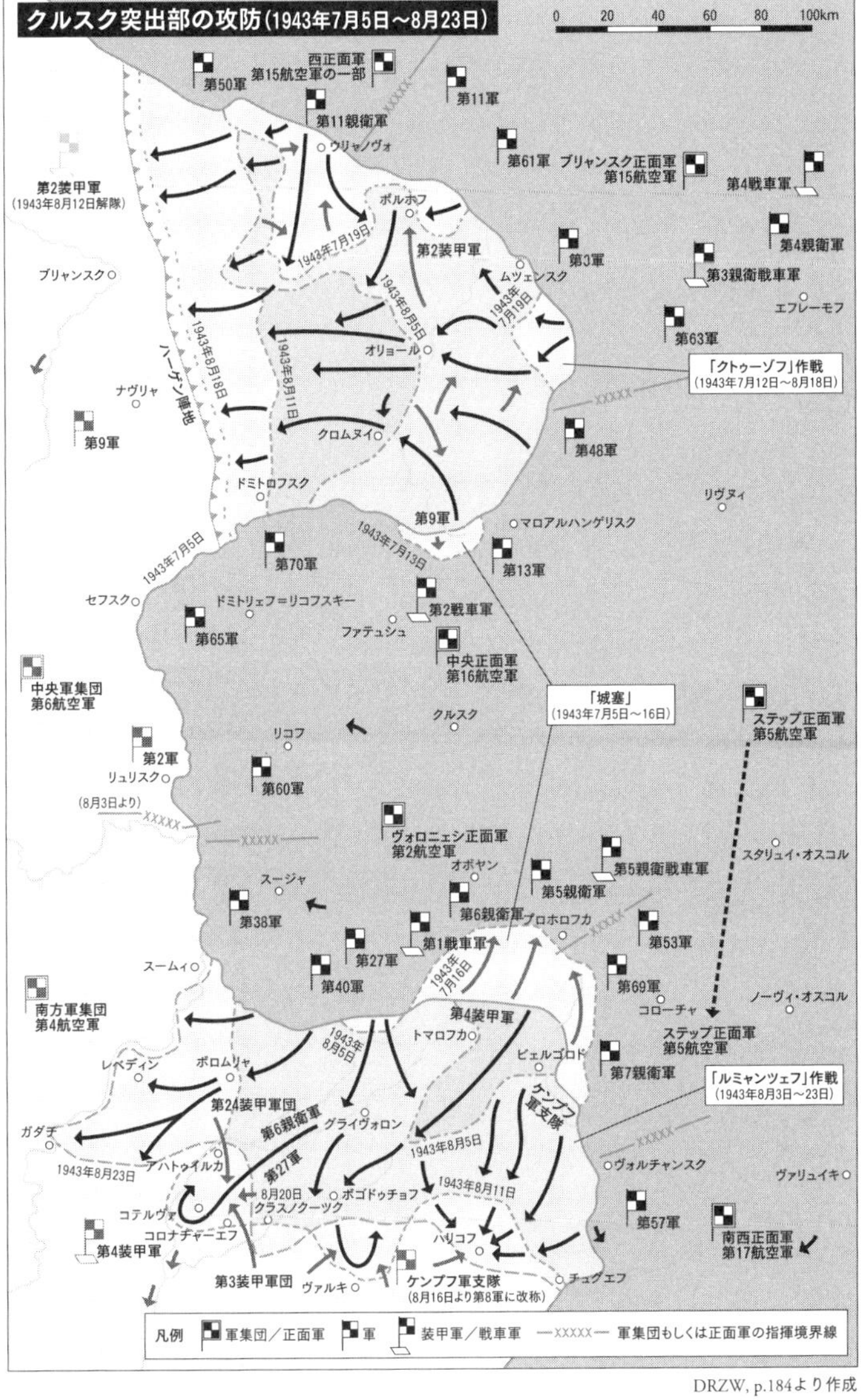
クルスク突出部の攻防（1943年7月5日～8月23日）
0 20 40 60 80 100km
第50軍
西正面軍
第15航空軍の一部
第11軍
第11親衛軍
ウリャノヴォ
第61軍
ブリャンスク正面軍
第15航空軍
第4戦車軍
第2装甲軍
（1943年8月12日解隊）
ボルホフ
1943年7月19日
第2装甲軍
第3軍
第4親衛軍
第3親衛戦車軍
ブリャンスク
ムツェンスク
1943年7月19日
エフレーモフ
1943年8月5日
第63軍
ハーゲン陣地
1943年8月18日
1943年8月11日
オリョール
「クトゥーゾフ」作戦
（1943年7月12日～8月18日）
ナヴリャ
第9軍
クロムヌイ
第48軍
ドミトロフスク
リヴヌィ
第9軍
マロアルハンゲリスク
1943年7月5日
1943年7月13日
第70軍
第13軍
セフスク
ドミトリェフ＝リコフスキー
第2戦車軍
第65軍
ファテュシュ
中央正面軍
第16航空軍
中央軍集団
第6航空軍
「城塞」
（1943年7月5日～16日）
クルスク
ステップ正面軍
第5航空軍
リコフ
第2軍
リュリスク
第60軍
（8月3日より）
ヴォロニェシ正面軍
第2航空軍
第5親衛戦車軍
スタリュイ・オスコル
オボヤン
スージャ
第5親衛軍
第38軍
第6親衛軍
プロホロフカ
第1戦車軍
第53軍
スームィ
第27軍
1943年7月16日
第40軍
第69軍
南方軍集団
第4航空軍
コローチャ
ノーヴィ・オスコル
第4装甲軍
1943年8月5日
トマロフカ
ステップ正面軍
第5航空軍
ベルゴロド
レベディン
ボロムリャ
第7親衛軍
ケンプフ軍支隊
「ルミャンツェフ」作戦
（1943年8月3日～23日）
第24装甲軍団
第6親衛軍
グライヴォロン
ガダチ
1943年8月5日
アハトゥイルカ
ヴォルチャンスク
1943年8月23日
第27軍
1943年8月11日
ヴァリュイキ
8月20日
ボゴドゥチョフ
クラスノクーツク
コテルヴァ
第57軍
コロナチャーエフ
ハリコフ
南西正面軍
第17航空軍
第4装甲軍
第3装甲軍団
ヴァルキ
ケンプフ軍支隊
（8月16日より第8軍に改称）
チュグエフ
凡例
軍集団／正面軍
軍
装甲軍／戦車軍
XXXXX 軍集団もしくは正面軍の指揮境界線

DRZW, p.184より作成

を露呈したものの、戦闘能力においてはソ連軍の主力戦車T－34を圧倒した。その結果、ドイツ軍の新型戦車の装甲を正面から撃ち抜くことは不可能であると思い知らされたソ連戦車兵は、しばしばパニックを起こした。

こうしたありさまをみた赤軍大本営は、攻勢の矢面《やおもて》に立たされていたヴォロニェシ正面軍司令官ニコライ・F・ヴァトゥーティン上級大将に戦略予備の投入を許可するとともに、野心的な反撃を企てた。戦略的に隠蔽《いんぺい》され、ドイツ軍に存在を知られていなかったステップ正面軍を使って、クルスク南部に突進してくるドイツ第四装甲軍を三方から攻撃し、撃滅しようとしたのだ。この攻撃は、オリョール方面の反攻開始と同じ日、七月十二日に実行された。

その結果、ソ連軍の主力第五親衛戦車軍とドイツ第四装甲軍のあいだに、プロホロフカの戦車戦が生起する。史上最大の戦車戦とされ、T－34を主体とするソ連戦車部隊が、ドイツ装甲部隊と真正面から激突し、激戦の末についに後者を撃破した――と、半世紀近く前には喧伝《けんでん》されていた戦いである。しかし、近年の研究は、プロホロフカの戦いが、そうした英雄的叙事詩ではなく、むしろ「笑劇《ファルス》」であったことを暴露している。

実際には、七月十二日の攻撃に投入されたパヴェル・A・ロトミストロフ中将指揮の第五親衛戦車軍が有する八百六十輛の戦車・自走砲の多くは、自滅に近い最期をとげたのであった。そうなった理由は、ティーガー戦車に関する誤判断にあった。ロトミストロフは、装甲・武装に優《まさ》るティーガーを撃破するには、ひたすら肉迫し、近距離での砲撃を加えるしかないと確信して、指揮下の戦車隊に全速突撃を命じていた（実際には、七月十二日に攻撃されたドイツ軍部隊の正面で稼働していたティーガーは五輌にすぎなかった）。ところが、そこに陥穽《かんせい》があった。突進するソ連軍戦車隊の前面には、自軍が掘った対戦車壕があったのだが、彼らはそれに気づいていなかったのである。

ドイツ軍の新型戦車パンター　©Merz/Bundesarchiv

T－34を以《もっ》てしても越えられないほどの幅がある対戦車壕に行き当たったソ連軍戦車隊は、そこに架かった唯一の橋に殺到した。当然のことながら大渋滞が生じる。ドイツ軍の戦車と対戦車砲にとっては、絶好の的であった。この日、第五親衛戦車軍の戦車三百八十二輌が撃破され、うち二百二十三輌は修理不可能なほどの損傷を受けていた。

それでは何故、かかる一方的な結果に終わった戦闘が、独ソ戦車部隊のつばぜり合いの末に、後者が打ち勝ったという正反対の「物語」にすり替えられたのであろうか。これについても、現在ではあらましがわかっている。スターリンは、第五親衛戦車軍の大敗に激怒し、一時はロトミストロフ司令官の処罰まで考えたのだが、ソ連軍がファシストの全力攻勢を正面から受け止め、敗北せしめたという「神話」形成を狙うプロパガンダ戦略からすれば、プロホロフカの汚点を残しておくわけにはいかなかった。よってスターリンも、ロトミストロフの処分に踏み切ることはできなくなる。プロホロフカの敗北を自ら認めることになるからだ。プロホロフカ大戦車戦の物語は、ロトミストロフがメイキングを重ね、真相を糊塗《こと》した報告書の線に沿って創作され、ソ連の正史となり――さらには西側にも伝えられて、半世紀あまりも「真実」とみなされてきたのだ。

ともあれ、プロホロフカをはじめとする勝利の連続に、マンシュタインも「城塞」作戦の成功を確信した。だが、その歓喜はやがて失望に変わることになる。七月十三日、ドイツ東部のラステンブルク近郊にある総統大本営「狼の巣《ヴォルフスシャンツェ》」に呼び出されたマンシュタインは、「城塞」を中止するとヒトラーに言い渡されたのである。

アンチ・クライマックス

やはり作戦会議に出席していたクルーゲとともに、ヒトラーの説明を聞いたマンシュタインは、以下の説明を受けたと、その回想録に記している。七月十日に米英連合軍がシチリア島に上陸したがイタリア軍はほとんど抵抗していない。同島が奪われれば、つぎはイタリア本土とバルカンが脅威にさらされることは必至であるから、「城塞」作戦を中止し、東部戦線から有力な部隊を引き抜いて地中海方面の防衛態勢を固めざるを得ないというのが、総統の論理であった（エーリヒ・フォン・マンシュタイン『失われた勝利』下巻）。

多くの歴史家たちは、この記述にしたがい、「城塞」中止の原因は連合軍のシチリア島上陸にあったとみなしてきた。けれども、前出のテッペルは、興味深い事実を指摘する。ヒトラーは地中海の脅威を強調しているものの、実際には、シチリア上陸後二週間のうちに、東部戦線からイタリアに移された部隊は一つもなかったというのだ。

では、「城塞」中止の理由は何だったのだろうか。

近年、テッペルをはじめとする歴史家たちによって唱えられ、定説となりつつあるのは、クルスク突出部以外でのソ連軍の諸攻勢が決定的だったとする主張である。すでに述べたごとく、七月十二日にはブリャンスク正面軍によるオリョール攻勢が開始されていたが、実は同じころ、南方のドニェツ・ミウスの両河畔《かはん》でも攻勢が準備中だった（七月十七日発動）。それらは重要な資源地帯でもあるから、ヒトラーも手当てを命じるほかない。つまり、他の正面でソ連軍が用意していた戦役が、「城塞」作戦の中止を余儀なくさせ、アンチ・クライマックスともいうべき結末をみちびいたというのだ。

こうしたヒトラーの判断は正しかったといえる。右記に列挙した攻勢のほかにも、八月三日にはハリコフ（現ウクライナ領ハルキウ）方面でソ連軍の大規模な攻勢、「将帥ルミャンツェフ」作戦が開始されている。もし「城塞」を継続していたら、ドイツ軍は「クトゥーゾフ」や「将帥ルミャンツェフ」などの作戦による連打に対応できなかったであろう。

ちなみに、テッペルは、ヒトラーが地中海方面を引き合いに出して論じたのは、東部戦線の現場司令官にすぎないマンシュタインに対して、自分は全戦線を見渡した総合戦略的な観点から判断していることを強調し、後者の反対を押し切ろうとしたのではないかと推測している。

結語

以上の検討が示すように、「城塞」は、ヒトラーの構想による戦略的攻勢などではなく、ドイツの将軍たちがソ連軍攻撃戦力の撃破、戦線短縮による防御態勢の向上などの作戦・戦術次元の理由から推進した作戦であった。ソ連軍は、作戦・戦術レベルでは、強固な縦深陣地の構築と兵力集中により、これに対抗することをはかった。

しかし、より重要なのは、ソ連軍がクルスク方面における防御戦役、オリョール、ドニェツ・ミウス、ハリコフなどの他方面にわたる攻勢戦役を連関させて、戦略的にドイツ軍を圧倒したことであろう。結局、クルスク会戦とは、ドイツ軍が作戦・戦術次元においては「勝利」を得ながらも、戦略次元で大敗した戦いだったのだ。

かくのごとく、クルスク戦については「物語」が退場し、「歴史」が前景に進み出ているのである。

註

（1）「パウル・カレル」、本名パウル・カール・シュミットは、元ナチス党員・親衛隊員で、若くして外務省報道局長の地位を得たナチ・エリートであった。戦後「パウル・カレル」の筆名で素性を隠し、第二次世界大戦の戦記を発表。それらはベストセラーにしてロングセラーとなり、一般の歴史認識に多大なる影響をおよぼした。しかし、二〇〇五年にナチ時代の経歴が暴露され、その歴史修正主義的意図や記述の虚偽も暴露されたため、「パウル・カレル」の評価は地に落ちた。ちなみに、「パウル・カレル」は生前（一九九七年没）、自分の写真が公表されることを許さなかった。おのれの過去を隠し、ためにする論述をなしていることを自覚していた証左といえよう。

（2）この作戦会議の直後、一九四三年四月にシュミットは第二装甲軍司令官の職を解かれ、同年九月三十日に退役している。彼の弟が四月二日に敵国通謀の嫌疑で逮捕された際、発見されたシュミットの手紙の多くにヒトラー批判がみられたというのが、その理由であった（前掲『クルスクの戦い１９４３』）。

（3）ソ連時代の戦史では、この攻勢準備破砕射撃は大成功を収めたことになっていたが、今日では、ドイツ軍の攻勢開始時間を誤認し、攻撃部隊が出撃陣地に展開する前に実行されたため、さしたる効果はなかったことが判明している。

（4）歩兵支援用に開発された砲塔を持たず武装が固定された自走砲。この時期には対戦車戦闘に使用されることが多かった。

（5）その兵力密度は、担当正面一キロあたり、兵員四千五百人、戦車四十五輌を配置した計算になるほどだった。

第九章

第二の「タンネンベルク会戦」とワルシャワ蜂起

（一九四四年八月）

政治に影響をおよぼした戦闘か

戦争には、戦略・作戦・戦術から成る三階層があり、さらにその上に政治（論者によっては「大戦略」）があることは、本書でも繰り返し述べてきた。加えて、高位次元の事象は下位次元の勝敗の帰趨《きすう》に決定的な影響を与えるが、その逆はまずないというのが普通である。よくいわれる「戦略の失敗を戦術で挽回《ばんかい》することはできない」との言葉を想起していただければ、わかりやすいであろう。太平洋戦争中盤以降の島嶼《とうしょ》防衛戦で、現場において、つまり戦術的にはしばしばめざましい成果を上げながら、ついに一度たりとも戦略的勝利を得ることがなかった日本軍などは、その典型例といえる。

しかしながら、作戦次元の成功が、戦略、ひいては政治に、看過《かんか》できぬ作用をおよぼすことは皆無《かいむ》ではない。たとえば、一九四〇年のナチス・ドイツによる西方侵攻は、中央突破により分断した敵を各個撃破するという作戦次元の勝利によって、対する英仏と比べて国力に劣り、長期的には敗勢におちいること必至という状態にあった戦略環境をくつがえしたのだ。

こうした政治に影響をおよぼした作戦次元の成功の例をたどっていくと、近年注目されているのは、一九四四年夏、東西両戦線で敗北につぐ敗北をこうむっていたドイツ軍が、一転してあざやかな勝利を得たワルシャワ前面の戦いである。とくに、この勝利は、同時期に生起した「ワルシャワ蜂起」、占領下ポーランドに組織された地下軍隊「国　内　軍《アルミア・クラヨーヴァ》」の対独軍事行動の成否と関わっていた可能性があるから、戦史ファンのみならず、現代史を扱う研究者たちにとっても無視できないことであった。

議論の経緯はこうである。周知のごとく、ワルシャワ蜂起はソ連を含む連合国からの充分な支援を得られず、鎮圧された。その際、ソ連軍は、首都ワルシャワを流れるヴィスワ川河畔にまで到達していたにもかかわらず、進撃を停止し、ポーランド国内軍を救おうとはしなかったのである。この不可解な行動について、当時のソ連の独裁者ヨシフ・V・スターリンが、西側連合国を後ろ盾とするロンドン亡命政権に指揮されたポーランド国内軍が成功を収め、戦後の発言力を強めることを望まず、敢えて「見殺し」にしたのだと解釈されることが少なくなかった。だが、実際には、ワルシャワ前面のソ連軍は、ドイツ軍に受けた大打撃から回復できず、前進再開は困難だったのではないかという説が出され、議論を呼んだのだ。

本章では、冒頭に示した、下位次元が上位次元にどの程度作用し得るかとの問題設定を念頭に置きつつ、このワルシャワ前面の戦闘と、それがポーランド国内軍の蜂起救援に与えた影響について論述していきたい。

崩壊に瀕《ひん》した東部戦線

一九四四年六月六日、連合軍はノルマンディに上陸作戦を敢行、ドイツ占領下のフランスの一角に確固たる地歩を占めた。当然のことながら、東部戦線、遠いロシアにおいても、ソ連軍がこの反攻に呼応して、一大攻勢を仕掛けてくるのは間違いない。ドイツ陸軍総司令部《オーバーコマンド・デス・ヘーレス》（ＯＫＨ）の読みは、ソ連軍は、ウクライナ北西部の都市コーヴェリの正面を突破し、ワルシャワを占領したのち、ヴィスワ川河口に進撃してくるだろうというものだった。それを許せば、バルト海沿岸地域にあるドイツ軍二個軍集団が包囲され、カタストロフィを迎えることになりかねない。すなわち、ドイツ軍にとっては、もっとも脅威となる進撃ルートだ。

しかし、ソ連側は異なる攻勢正面を選んだ。ソ連軍首脳部が、ＯＫＨが推測したのと同様のプランを示していたにもかかわらず、スターリンは、大胆な突進は危険が多すぎると判断し、直接ワルシャワをめざす作戦に反対したのである。その結果、攻勢を指向する正面は白ロシア《ベラルーシ》と決まった。当時のスターリンは、ドイツ本土への進攻作戦について、慎重な姿勢を維持しており、それがワルシャワ蜂起への対応にも反映しているとの議論もあるから、この点は留意しておいていただきたい。

一九四四年六月二十二日、ソ連軍の攻勢「バグラチオン」作戦が発動された。圧倒的な兵力により（ソ連軍は約百二十五万の将兵を投入したとされる）、予想外の地域を攻撃されたドイツ中央軍集団は大損害をこうむった。その数、死傷者・行方不明者を合わせておよそ四十万。ドイツ軍東部戦線の脊柱《せきちゅう》は砕けた。

ソ連軍はドイツ軍の陣地を蹂躙《じゅうりん》しつつ、西へと猛進した。攻勢の一翼を担った第一白ロシア正面軍麾下《きか》の諸軍も七月二十二日に前進を開始し、ヴィスワ川へと殺到する。七月二十九日には、ソ連第六九軍が、ワルシャワ南東百二十キロほどに位置する都市プワヴィの南でヴィスワ川を渡り、最初の橋頭堡《きょうとうほ》を築く。八月一日には、第八親衛軍もワルシャワの南、マグヌシェフで渡河《とか》に成功、ヴィスワ川西方に足がかりを得た。この間、攻勢の主役となった第一ウクライナ正面軍と第一白ロシア正面軍は約百八十キロの距離を前進し、ドイツ軍中央軍集団と北ウクライナ軍集団を分断、敵戦線に巨大な間隙部を生じさせていたのだ。

けれども、第一白ロシア正面軍司令官のソ連邦元帥コンスタンティン・K・ロコソフスキーは、より多くを狙っていた。ワルシャワ郊外プラガ地区を攻撃、ドイツ軍前線部隊を拘束しつつ、マグヌシェフ橋頭堡から北へ旋回、ナレフ川、ブク川、ヴィスワ川によって形成される三角地帯の橋梁《きょうりょう》を奪取するというのが、その作戦計画である。もし、それに成功したら、ワルシャワのドイツ軍は退路を断たれ、崩壊するであろう。

しかし、ワルシャワとソ連軍のあいだには、一人の不屈の軍人がたちはだかっていた。

その名はヴァルター・モーデルという。

モーデルの計略

モーデルは、第二次世界大戦の開始以来、東西両戦線で師団長、軍団長、軍司令官、軍集団司令官など、さまざまなレベルの指揮官を務め、頑強《がんきょう》に防御戦を遂行することで名を上げた人物だ。とくに、敵に突破され、危機的な状況になった戦線の立て直しを得意とし、それゆえに困難な正面にばかり派遣されたことから、「ヒトラーの消防士《ヒトラース・フォイアヴェーアマン》」の異名を取ったといえば、その指揮官としての個性をうかがうことができよう。

また、開戦時には少将であったモーデルが、一九四四年にはもう最高位の階級である元帥に進級していたという事実は、その能力のみならず、総統の彼に対する信頼を証明するものといえる。

もっとも、一九四四年六月二十八日に中央軍集団の指揮を継承したモーデル(1)を待ち構えていたのは、すでに述べたような危機的状況であった。ソ連軍の急進撃ぶりをみれば、OKHが恐れたようなバルト海への突進が現実となり、二個軍集団がドイツ本国から遮断されることも充分あり得るのだ。

だが、ドイツ軍の応急措置がひとまず悪夢を封じた。ナレフ川の渡河点を奪取せんと前進していたソ連軍の先鋒《せんぽう》、第二戦車軍麾下第三戦車軍団に対して、第一九装甲師団の「戦隊《カンプフグルッペ》(2)」が反撃を実行し、これをくいとめたのである。八月一日には、ソ連第三戦車軍団と後続の第二戦車軍は防御に移ることを余儀なくされていた。

モーデルの思うつぼだった。彼は、ソ連軍が伸びきった態勢になり、補給・補充も先細りになるのを待って、その槍の穂先となっている部隊を包囲殲滅《せんめつ》するつもりであったのだ。

かかる戦闘を可能とするには、ソ連軍を深く腹中に引き込む、つまり計画的な退却を行なう必要があるけれども、それはヒトラーの寸土も譲るなという死守命令に反する。しかし、モーデルはおのが計略を優先し、総統大本営におうかがいを立てることもなく、独断専行で麾下の軍を動かした。現場の部隊に対して、モーデルが直接指示を下し、反撃用の兵力抽出《ちゅうしゅつ》や再配置を完了せしめたのである。

この時点で、モーデルは急遽《きゅうきょ》集められた装甲師団四個を使用できた。

陸軍の第四装甲師団（Ⅳ号戦車四十輛《りょう》、Ｖ号「豹《パンター》」戦車三十八輛保有）、同じく陸軍の第一九装甲師団（Ⅳ号戦車二十六輛、Ｖ号戦車二十六輛、軽駆逐戦車(3)十八輛保有）、武装親衛隊の第五ＳＳ「ヴァイキング《ヴィーキング》」装甲師団（Ⅳ号戦車八輛、Ｖ号戦車四十五輛、突撃砲十三輛保有）、空軍の「ヘルマン・ゲーリング」降下装甲師団(4)（Ⅳ号戦車三十五輛、Ｖ号戦車五輛、Ⅳ号駆逐戦車二十三輛）である（ＤＲＺＷ）。

「ヒトラーの消防士」こと、ヴァルター・モーデル

モーデルの作戦構想は、突出したソ連軍部隊の後方を攻撃し、そうして孤立させた敵を、これらの比較的戦力を有する装甲部隊によって四方八方から叩くというものであった。具体的には、もっとも前進しているソ連第三戦車軍団の後背部を挟撃《きょうげき》、主力との連絡ならびに補給を断つ。続く第二段階では、手持ちの四個装

甲師団すべてを投入し、これを撃滅する。それによって、最大の脅威となっているソ連第三戦車軍団を排除したのち、さらにソ連第八親衛戦車軍団に反撃をしかけるのだ。

第二の「タンネンベルク会戦」

一九四四年八月一日（まさにこの日、ワルシャワ蜂起も開始された）、「ワルシャワ前面の戦車戦」ともいわれる戦闘が火蓋《ひぶた》を切った。第一九装甲師団の一戦隊と第五SS装甲師団ヴィーキングが先陣を承り、ソ連第三戦車軍団の後方・側面警戒部隊を挟み撃ちにして、同戦車軍団の退路をふさぐ。かくてソ連軍先鋒が形成していた突出部は根元から断ち切られた。そうして包囲状態に置かれ、圧迫されていくばかりとなった第三戦車軍団に対し、すでに挙げた独装甲師団四個が、西、北東、南東から攻撃を加える。八月四日までの戦闘で、第三戦車軍団は寸断され、潰滅《かいめつ》した。ソ連軍も、第二戦車軍に所属する第一六戦車軍団ならびに第一ポーランド軍[5]麾下の機械化歩兵部隊を投じて、解囲《かいい》（包囲された部隊を外部から解放することを目的とする軍事行動）を試みたものの、ドイツ軍の強靱《きょうじん》な抵抗に遭《あ》い、撃退されてしまったのである。

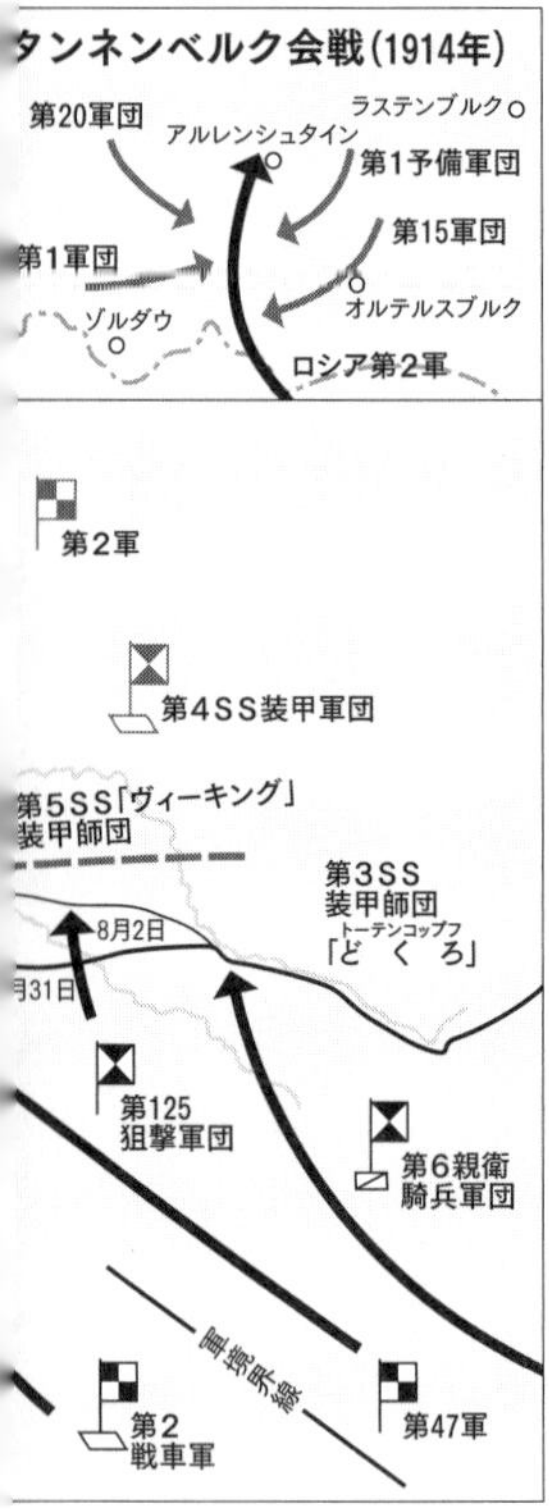

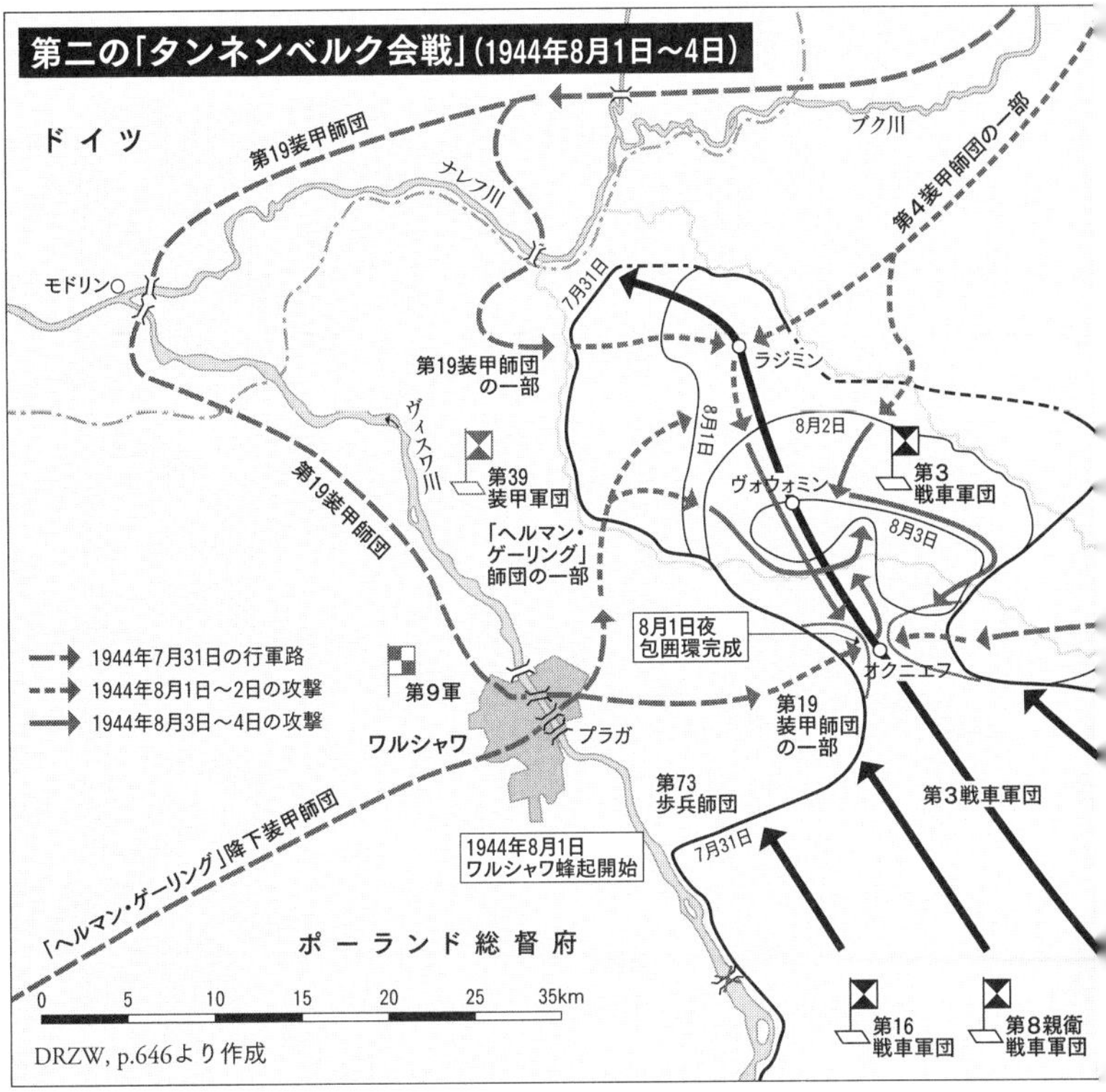

ドイツの戦史家たちは、この戦いを、第二の「タンネンベルク会戦」、あるいは「機械化部隊によるタンネンベルク会戦」と評している。タンネンベルク会戦とは、第一次世界大戦初期、一九一四年にドイツ軍が東部戦線で大勝した戦いだ。当時、東部国境地帯を守るドイツ第八軍は、その後背部をめざして前進するロシア第二軍と、正面で対峙しているロシア第一軍に挟まれ、包囲の危険にさらされていた。しかし、第八軍は驚異的なスピードで陣地を転換し、突出したかたちになっていたロシア第二軍に四方向から襲いかかった。ロシア第二軍は殲滅され、同第一

軍も返す刀で反撃に移った独第八軍に撃退される。タンネンベルク包囲殲滅戦として、世に喧《けん》伝《でん》されることになるドイツ軍の成功であった。

なるほど、モーデルがワルシャワ前面で繰り広げた作戦は、タンネンベルク会戦をほうふつとさせる巧緻《こうち》なものだったといえる。モーデルは適宜後退して、戦線を安定させつつ、装甲部隊を絶妙の位置に配置し、急進するソ連軍の態勢が伸びきったタイミングで、全周包囲の反撃を繰り出したのだ。この痛撃を受けたソ連第二戦車軍は、第三戦車軍団全滅の憂《う》き目《め》をみたばかりか、ほかにも多大なる損害を出した。七月二十二日の攻勢開始時にソ連第二戦車軍が保有していた戦車・駆逐戦車は八百十輌であったが、ワルシャワ前面の戦闘が終わった八月四日には、それがわずか二百六十三輌に減じていたという事実は、何よりも雄弁に、ドイツ軍が与えた打撃の大きさを物語っていよう。

粉砕された楽観

さらに第二次「タンネンベルク会戦」の帰結は、作戦・戦術次元にとどまらず、政治・戦略レベルにまで大きな影響をおよぼすことになった。それは、間接的ではあるけれども、ワルシャワ蜂起の失敗を宿命づけたのである。

周知のごとく、ロンドン亡命政府に指揮されたポーランド国内軍（以下、ＡＫと略す）は、八月一日、「嵐《ブジャ》」の秘匿《ひとく》名称を付されたワルシャワでの軍事行動に踏み切った。ＡＫは、ソ連軍の圧倒的な進撃をみて、ドイツ軍は持ちこたえられないと判断したのだ。敗勢にあり、撤退を強いられるであろうドイツ軍に対してなら、たとえAKが劣弱な戦力しか持たなくとも[6]、有効な打撃を与えられるはずであるから、自らの力で首都を解放したという実績は、政治的に決定的な意義を持つと考えたのである。

だが、AKの思惑《おもわく》は、ことごとく外《はず》れた。まず、ヒトラーはワルシャワ放棄など考えておらず、すでに七月には同市の死守を決定していた。また、親西側連合国の姿勢を取るAKは、ソ連軍と連絡を取っておらず、ワルシャワ周辺とヴィスワ川流域の戦況を正確に把握していなかったのだ。そして――モーデル元帥が上げた勝利は、少なくとも八月前半におけるソ連軍のさらなる進撃を困難にし、同時にワルシャワ蜂起の短時日《たんじじつ》での終結を不可能にしてしまった。

ワルシャワ蜂起に参加した国内軍の少年兵

かくて、敗走するドイツ軍の後方攪乱《かくらん》と追撃程度の軍事行動で済むと目されていたワルシャワ蜂起は、長期にわたる本格的戦闘となり、十月二日にAKは降伏した。AKとワルシャワ市民は甚大な損害をこうむり、その死者数は二十万余におよんだとされる。

スターリンはワルシャワ蜂起を見殺しにしたのか

よく知られているように、この六十三日間におよんだワルシャワ蜂起において、スターリンはソ連軍を停止させ、ＡＫの将兵ならびに市民たちがドイツ軍に殺戮《さつりく》されていくのを拱手傍観《きょうしゅぼうかん》していた。これは、スターリンが冷戦の開始を見据えて、ポーランドの親西側連合国分子がドイツ軍に撃滅されるのはむしろ好都合だと判断したからだというのは、ワルシャワ蜂起中からいわれていた解釈である。

事実、当時のソ連は、ＡＫに不利となるような、さまざまな行動に出ていた。西側連合軍が爆撃などの直接支援を申し出ていたにもかかわらず、物資の空中投下しか認めていない、ソ連空軍によるワルシャワのドイツ軍陣地爆撃を蜂起開始の約一カ月後まで実施しなかった、ソ連軍攻勢の重点もスロヴァキア方面に移された、スターリンは第一ポーランド軍による首都突入の試みにソ連軍部隊を参加させなかった、ソ連内務人民委員部（秘密警察）は蜂起の前も後もＡＫのメンバーを弾圧している、ソ連の傀儡《かいらい》である東側のポーランド亡命政権（ルブリン委員会）は蜂起は無謀な試みであると非難しつづけていた……。

実際、ワルシャワ蜂起の失敗によって、ポーランドの親西側連合国分子は大打撃を受けたわけであるから、被害者が亡くなって得をする者が誰かという事件捜査的な常識からすれば、スターリンが故意にＡＫを見捨てたとする議論が説得力を持ったのも理の当然ではあった。ワルシャワ蜂起の無惨な失敗は、いわばドイツとソ連の暗黙の合作であり、「第二のヒトラー・スターリン協定」(7)の所産であったとする主張さえあるが、それもいちがいに否定することはできなかろう。

とはいえ、これらは、いわば状況証拠にすぎない。一般向けのノンフィクションなどでは、スターリンはロコソフスキー第一白ロシア正面軍司令官に対して停止命令を出したということがよくいわれる。だが、その事実を証明する文書は、今日なお発見されていない。もちろん、そうした史料がいまだ機密解除されぬまま、ロシアの文書館に眠っている可能性は否定できないものの、「見殺し」論には決定的な証拠が欠けているといわざるを得ないだろう。

軍事面からの考察

このように、ワルシャワ蜂起から半世紀あまり、ソ連軍がワルシャワ蜂起を支援しなかったのは何故かという疑問については激しい論争が展開されてきたわけであるが、依拠し得る史料の乏しさから、いわば膠着《こうちゃく》状態におちいっていたことは否《いな》めない。しかし、二〇〇七年に至って、あらたな、軍事面からの分析がなされた。ドイツ連邦国防軍《ブンデスヴェーア》軍事史研究局による第二次世界大戦史の第八巻が刊行され、そのなかでモーデルの勝利がワルシャワ蜂起の成否に与えた影響が論じられたのである（ＤＲＺＷ）。

前出のカール＝ハインツ・フリーザーは、なるほど、当時のスターリンは、ワルシャワへの進撃について慎重であったと認める。すでに触れたように、「バグラチオン」作戦の立案過程においても、一気に急進し、ワルシャワを奪取、さらにバルト海沿岸に突進して、東部戦線のドイツ軍主力の退路を断つといった決定的な攻勢計画を拒否、より確実な選択肢を採ったことは、その証左であろう。

かくのごとくスターリンが及び腰であったのは何故か。文書や証言に裏付けられた答えを出すのはきわめて困難な問いかけではあるが、フリーザーは、スターリンという歴史的個性の「トラウマ」に理由を求めている。

時は一九二〇年八月にさかのぼる。誕生間もないポーランド共和国とロシアのボルシェヴィキ政権の戦争はクライマックスに達しようとしていた。ウクライナに進撃してきたポーランド軍に打撃を与えた赤軍は、反攻に出て敵首都ワルシャワに迫り、これを奪取しようとしていたのである。しかし、充分な戦力を持たぬまま突出した赤軍は、ポーランド軍に側面を衝《つ》かれ、大敗を喫して退却することになった。のちに「ヴィスワ川の奇跡」と称されることになる逆転劇であった。

実は、若きスターリンは軍事委員として、この作戦の指導に関わっていたため、キャリアに大きな汚点を付けることになった。かかる不名誉と敗北の記憶が、ワルシャワへの突進をためらわせたのではないかと、フリーザーは推測している。

モーデル元帥の命により、ワルシャワ前面の反攻に投入されたドイツ軍部隊

第73歩兵師団
第４装甲師団
第19装甲師団
武装親衛隊第５ＳＳ「ヴァイキング《ヴィーキング》」装甲師団
空軍「ヘルマン・ゲーリング」降下装甲師団

ＤＲＺＷほかの資料より作成

第一白ロシア正面軍の戦闘序列（1944年8月1日）

第一白ロシア正面軍（ソ連邦元帥コンスタンティン・Ｋ・ロコソフスキー）
- 第２親衛騎兵軍団
- 第４親衛騎兵軍団
- 第７親衛騎兵軍団
- 第４突破砲兵軍団
- 第１親衛戦車軍団
- 第１機械化軍団
- 第９戦車軍団
- 第11戦車軍団
- 第８親衛軍
- 第28軍
- 第47軍
- 第48軍
- 第65軍
- 第69軍
- 第70軍
- 第２戦車軍
  - 第８親衛戦車軍団
  - 第３戦車軍団
  - 第16戦車軍団
- 第１ポーランド軍
  - 第１ポーランド軍団
  - 第２ポーランド軍団
  - 第１戦車軍団

ＤＲＺＷほかの資料より作成

さはさりながら、バグラチオン作戦の成功が確実となった一九四四年七月の時点では、さしものスターリンも、ワルシャワへの進撃を掣肘《せいちゅう》したりはしなかった。七月二十七日、ソ連第二戦車軍は、突如《とつじょ》ポーランドの首都へと進路を変え、猛進撃を開始したのである。つまり、一九四四年七月から八月初頭にかけての時期には、スターリンもソ連軍首脳部もワルシャワ占領を意図していたというのが、フリーザーの主張だ。

けれども、このワルシャワへの突進は性急に過ぎた。充分な偵察もなし、側面掩護への配慮もないままに前進したソ連軍は、やがて補給困難におちいった。七月三十日、第二戦車軍司令官アレクセイ・I・ラジエフスキー少将は、直属上官のロコソフスキー元帥に「すぐに息切れするだろう」と悲痛な無線報告を行なったが、返ってきたのは攻撃続行の命令のみであった。

かくて、断頭台に首を載せるがごとく、突出した態勢になったソ連第二戦車軍は、モーデル元帥の包囲攻撃を受けて、第二の「タンネンベルク会戦」の敗者となった。それとともに、ワルシャワ早期解放の見込みもなくなった。

フリーザーは、こうした経緯について、「第一段階において、赤軍はワルシャワ占領を望んでいたが、できなかった」と評している。すなわち、ワルシャワ蜂起開始時には、ソ連軍はいまだ兵力の追送や兵站《へいたん》の問題から、同市を奪取できる態勢になく、しかもモーデルの反撃によって、即時の首都占領は不可能になったということだ。

しかし、これ以降、第二の「タンネンベルク会戦」の結着がついたのちのソ連軍の無為に関しては、フリーザーも明示的な解釈を示していない。ソ連軍は、ワルシャワ正面において圧倒的な戦力を有するようになってからも、大規模な作戦を実施することなく、ドイツ軍と対峙したままだった。彼らが攻勢に出て、ドイツ本土への進撃を再開したのは、実に翌一九四五年一月のことだったのである。

こうしたソ連軍の動向について、フリーザーは意味深長な評価を下している。

「第二段階では、赤軍はワルシャワを占領可能だったが、もはやそれを望まなかった」（DRZW）。

結語

以上、検討してきたように、一九四四年八月のモーデル元帥の反撃は、空間を犠牲にして時間をかせぎ、機動の余地を生ぜせしめて、決定的な打撃を可能にする、きわめて巧妙なものだった。

しかも、それは作戦・戦術次元を超えて、ワルシャワ蜂起の失敗という政治的に巨大な意味を持つ結果をもたらし、またポーランドの首都の早期占領というソ連の政戦略上の企図《きと》をもくじいたのであった。

ゆえに、この第二の「タンネンベルク会戦」は、政治・戦略と作戦の相互作用という点で、非常に興味深い実例を示しているのであり、より注目されてもよいように思われる。

註

（1）八月十六日まで北ウクライナ軍集団司令官兼任。

（2）戦車や歩兵、砲兵、工兵などを、建制《けんせい》をくずして編合し、諸兵科協同を効果的に行なえるようにした戦闘組織。

（3）対戦車戦闘や火力支援に特化した戦車。多くは砲塔を持たず、武装は固定されているが、そのぶん口径が大きく、威力のある砲を搭載することができた。

（4）第二次世界大戦で、ドイツ空軍は人員を抽出して、地上戦闘部隊を編成した。多くは訓練・装備不足で、大なる戦闘力を有しているとはいえなかった。しかし、この、空軍総司令官ヘルマン・ゲーリング国家元帥の名を冠した師団は例外で、エリート部隊として編成され、重要な戦区に投入されるのが常であった。

（5）ソ連側に身を投じたポーランド人（主として共産主義者）により、一九四四年に編成された軍。

（6）AKがワルシャワ蜂起に向けて備蓄した軍需物資は三日分しかなかったといわれる。

（7）むろん、一九三九年の独ソ不可侵条約（これが最初の「ヒトラー・スターリン協定」ということになろうか）を踏まえて、「第二の」と評しているのである。

第十章

壮大な戦略と貧弱な手段

――アルデンヌ攻勢(一九四四年十二月―四五年一月)

ドラマならざるドラマ

『バルジ大作戦』は、筆者と同年配、あるいはそれ以上の年齢のシネマ・ファンにとっては印象深い作品であろう。この、一九六五年（日本では翌六六年）に公開された映画は、CGのない時代に実物の戦車を大量に使用し、迫力ある映像をつくりあげた。また、ヘンリー・フォンダをはじめとする名優多数が出演するなか、ドイツ軍の先鋒部隊長ヘスラー大佐を演じるロバート・ショウが気を吐き、仇役《かたきやく》でありながら他の俳優陣を喰って、事実上の主役となっていたことも忘れがたい。

それゆえ、日本で欧州戦史に興味を抱く読者のなかにも、『バルジ大作戦』によって、そのモデルとなった[1]ドイツ軍アルデンヌ攻勢のイメージを形成されたというひとが少なくないはずだ。一九四四年十二月、敗色濃いドイツ軍は、困難な地形であるがため、連合軍の配置が手薄になっていたアルデンヌ地域に着目、残る戦力を結集して、そこに攻勢を向けた。奇襲された連合軍の戦線は崩壊し、ドイツ装甲部隊は縦横無尽の進撃を見せたが、空挺部隊をはじめとする米軍部隊はいくつかの重要地点で予想外の抵抗を示す。やがて、燃料不足を来《きた》したドイツ軍が身動きできなくなったところに、連合軍が反撃に出た。結局、アルデンヌ正面に形成された戦線突出部は南北から挟撃《きょうげき》され、ドイツ軍は再び押し戻されていく――。

かかる『バルジ大作戦』のストーリーは、実際のアルデンヌ攻勢の経緯に照らして、まったく間違いというわけではない。娯楽映画であるがゆえの演出を割り引いても、大筋は史実をたどっているとしてよかろう。一九四四年十二月から翌四五年一月にかけて、ドイツ軍と連合軍が演じたシーソーゲームは、それほど、スペクタクル映画の原型となるほどにドラマティックであり、興趣《きょうしゅ》をそそる「物語」を描きだしたのだ。

しかしながら、アルデンヌ攻勢から八十年になんなんとする今日、戦史・軍事史研究は、表面的な展開のみならず、戦略・作戦・戦術の三階層からの観察・分析を加えて、本戦役の構造をあきらかにしている。そうした研究成果は、ある意味で索漠《さくばく》としており、せっかくのドラマを台無しにするものと思われるかもしれない。けれども、それらは、軍事、もしくは戦いの勝敗を分けるファクターを考える上で、きわめて重要な視点を提示し、かつ知的な関心を喚起しているのだ。

本章では、その「ドラマならざるドラマ」に注目しつつ、アルデンヌ攻勢、連合軍側の呼称にしたがえば「バルジの戦い」を再検討していくこととしたい。

戦略攻勢を企図《きと》するヒトラー

一九四四年秋、ナチス・ドイツは崩壊の淵《ふち》に立たされていた。西部戦線では六月六日に連合軍が北西フランスのノルマンディに上陸、海岸堡《ビーチヘッド》の拡大には苦戦したものの、七月には突破に成功し、フランス、ベルギー、オランダの大半を解放、ドイツ国境に迫っていた。一方、南のイタリア方面でも、連合軍はローマを解放し、じわじわと北上する。さらに東部戦線では、ソ連軍が六月二十二日に一大攻勢（「バグラチオン」作戦）を発動、ドイツ中央軍集団を撃破し、第三帝国の心臓部をめざして驀進《ばくしん》していた。

だが、これほどの窮境にありながら、総統アドルフ・ヒトラーはなお絶望してはいなかった。連合国は米英ソを核とした同盟を結んではいるけれども、しょせんは寄り合い所帯である。どこかで強力な軍事的打撃を受ければ瓦解《がかい》し、脱落するメンバーも出てくるはずだ。その動揺を衝《つ》いて、米英等西方の諸国との講和を実現し、しかるのちにドイツ軍の全力を挙げて、再びソ連を叩く。それが、ヒトラーのもくろみであった。

問題は、「どこ」で一撃を加えるかである。

九月十六日、ヒトラーは攻勢の着想を得た。ドイツ東部に置かれていた総統大本営「狼の巣《ヴォルフスシャンツェ》」の定例作戦会議を終えたヒトラーは、ドイツ国防軍最高司令部《オーバーコマンド・デア・ヴェーアマハト》（ＯＫＷ）長官ヴィルヘルム・カイテル元帥、ＯＫＷ統帥幕僚部長（作戦）アルフレート・ヨードル上級大将、陸軍参謀総長代理ハインツ・グデーリアン上級大将、空軍参謀総長代理ヴェルナー・クライペ航空兵大将ら、腹心四人を集めて、より詳細な戦況の検討を行なった。その席上、ヨードルが西部戦線の状況を説明していくなかで、ベルギーとルクセンブルクに広がるアルデンヌ森林地帯は平穏であり、ドイツ軍部隊は同地で休養を取っていると口にしたときであった。それを聞いたヒトラーは、ふいに声をあげたのだ。

「攻勢に出るぞ、ここだ、このアルデンヌからだ。ムーズ川を渡って、アントウェルペンに進撃する」(ジョン・トーランド『バルジ大作戦』。「アントウェルペン」は英語経由の「アントワープ」表記も一般的であるが、本章では前者に統一する)。

唐突に感じられる決断ではあった。(2) しかし、戦術・作戦・戦略の三階層から検討してみると、それをヒトラーの非合理的な気まぐれだったと決めつけることはできない。

まず戦術的には、連合軍のいちばん手薄な正面を叩くがゆえの有利さが期待できる。当時、アルデンヌが森林地帯で、大規模な部隊の行動が難しいことから、この方面を担当していたアメリカ軍は、ドイツ軍が攻撃をかけてくることはないと判断していた。そのため、米軍がアルデンヌに配置していたのは、消耗し、休養・再編成を必要とする部隊や新編のルーキー部隊《グリーン・ユニット》であり、戦線の兵力密度も低く、防備も脆弱《ぜいじゃく》だったのだ。そこにドイツ軍の精鋭部隊をぶつければ、米軍戦線はたちまち崩壊し、速やかなる突破に成功する可能性がある。

また、作戦次元でみると、アルデンヌ地域の北西を流れる自然の障壁ムーズ川を越え、主要補給港であるベルギーのアントウェルペンを奪取できれば、連合軍の兵站《へいたん》は機能しなくなり、しかも、ドイツ軍の突進によって分断された敵を撃滅することもたやすい。かつて一九四〇年に、ドイツ軍はところも同じアルデンヌ森林を突破し、英仏海峡諸港に進撃して、連合軍の補給路を断つとともに、彼らの主力部隊を各個撃破、ダンケルク撤退とフランス降伏という苦杯を嘗《な》めさせた。ヒトラーは、かくのごとき鮮やかな機動戦を再現することを夢見たのである。

さらに、そうした戦術・作戦次元の勝利は、戦略次元の成功に直結する。先に述べたように、主要補給港アントウェルペンを失い、有力部隊を撃滅された連合軍の足並みは乱れ、ドイツとの講和を求めて、同盟から脱落する国も出てくるだろう。かくて外交政策により西部で平和を得たドイツは、持てる戦力をすべて東方に向け、宿敵ソ連を打倒する。

ヒトラーは、かくのごとき思考をめぐらせ、敵軍を消耗させたり、有利な態勢をつくることを目的とする作戦・戦術レベルのそれではなく、戦争に勝利するための攻勢、「戦略攻勢」を企《き》図《と》したのだった。

総統へのアンチテーゼ

しかし、結論を先取りしていうならば、ヒトラーの計算は、誤った前提に立つものだった。そうした、いわば総統へのアンチテーゼを、やはり戦略・作戦・戦術の三階層から述べてみよう。

戦術的には、アルデンヌは、ヒトラーが予想していた以上の天然の障壁だった。深い森や河川は、路外走行機能に優れた装軌《そうき》（履帯《キャタピラ》装備）車輛《しゃりょう》でも踏破困難で、機動は道路網の確保いかんに大きく左右される。ところが、そのようなネットワークは、道路の結節点となる都市や橋梁《きょうりょう》を押さえることにより、少数部隊でもたやすく機能不全におちいらせることができるのだ。なるほど、一九四〇年の西方侵攻攻勢において、ドイツ軍はアルデンヌの森林を迅速に突破、ムーズ川の渡河《とか》までも達成した。けれども、それを可能としたのは、当時アルデンヌ正面を守っていたベルギー・フランス部隊に対してドイツ軍が有していた、質量ともの優勢と圧倒的な空軍力であった。一九四四年のドイツ軍には、そのいずれもなかったから、いざ攻勢をはじめてみると、進撃はそこかしこで引っかかったのである。

作戦的には、これだけの規模の突破進撃を実行するには、兵力が足りなかった。ドイツ軍はアルデンヌ正面から北西に前進、アントウェルペンに向けて回廊《かいろう》状の突出部を形成していくわけであるが、その両側面には有力な連合軍部隊がいる。北には、主としてイギリス軍とカナダ軍から成る第二一軍集団（バーナード・ロー・モントゴメリー指揮。モントゴメリーは一九四四年九月に元帥に進級していた）、南にはジョージ・S・パットン中将率いる米第三軍だ。(3) これらが南北から挟撃にかかった場合に備えて、延びていく側面を掩護《えんご》する予備兵力が必要であるにもかかわらず、そうした部隊はほとんど用意されていなかった。したがって、アルデンヌ攻勢が史実よりも成功して、ムーズ川を渡河しての進撃に移っていたとしても、それらのドイツ軍部隊は、モントゴメリーとパットンの反撃により分断され、孤立する運命にあったと考えてさしつかえあるまい。

そして、何よりもヒトラーは、連合軍首脳部の指揮統帥能力ならびに政治的団結を過小評価するという、戦略的なミスを犯していた。予想外かつ大胆なドイツ軍の攻勢を受けて、連合軍の将軍たちは混乱するばかりで、ろくな手を打てないだろうというのが総統の読みだったのだが、実際の戦役の経緯が示すように、彼らは素早く、しかも適切な反応を示したのである。

加えて、連合国の同盟は、この攻勢により米陸軍史上まれな大規模部隊の降伏という事態を含む深刻な打撃を受けたにもかかわらず、びくともしなかった。すなわち、ヒトラーの判断と決定は、一定の成算こそ認められるものの、作戦・戦術的な手段を充分に有さず、敵の戦略的安定性を見誤っており、攻勢は発動前から多数の失敗のファクターを内包していたといえよう。

参謀将校たちの最後の栄光

一九四四年九月二十五日、ヒトラーはヨードルOKW統帥幕僚部長に、アルデンヌ攻勢の作戦計画策定を命じた。それを受けて起案された計画「クリストローゼ」(ドイツ語でクリスマスローズの意)が十月十一日に出される。この時点で、作戦の骨子はすでに定まっていた。攻勢兵力としては、第六SS（親衛隊）装甲軍、第五装甲軍、第七軍の三個軍を投入する。総兵力は装甲師団十二個ならびに歩兵師団十八個を予定していた。これらが、ドイツ軍にとっては天敵となっている連合軍の航空戦力が活動できない悪天候の時期を選んで、アルデンヌの米軍戦線を突破、敵を撃滅しつつムーズ川を渡り、一週間以内にアントウェルペンに突進するのである。

翌十二日朝、この作戦計画をヨードルから手渡されたヒトラーは、秘匿名称《ひとく》を「クリストローゼ」から「ラインの守り《ヴァハト・アム・ライン》」に変更した。彼は、「ラインの守り」作戦を十一月中に開始したいと望んでいたが、当時のドイツの工業生産、動員、輸送リソースからして、それは不可能であり、結局発動日は十二月十六日に決まる。

しかしながら、「ラインの守り」作戦の準備と欺騙《ぎへん》工作はきわめて綿密で、ナポレオン戦争以来のプロイセン・ドイツ参謀将校たちの組織力が遺憾《いかん》なく発揮され、その最後の栄光を示したものであった。

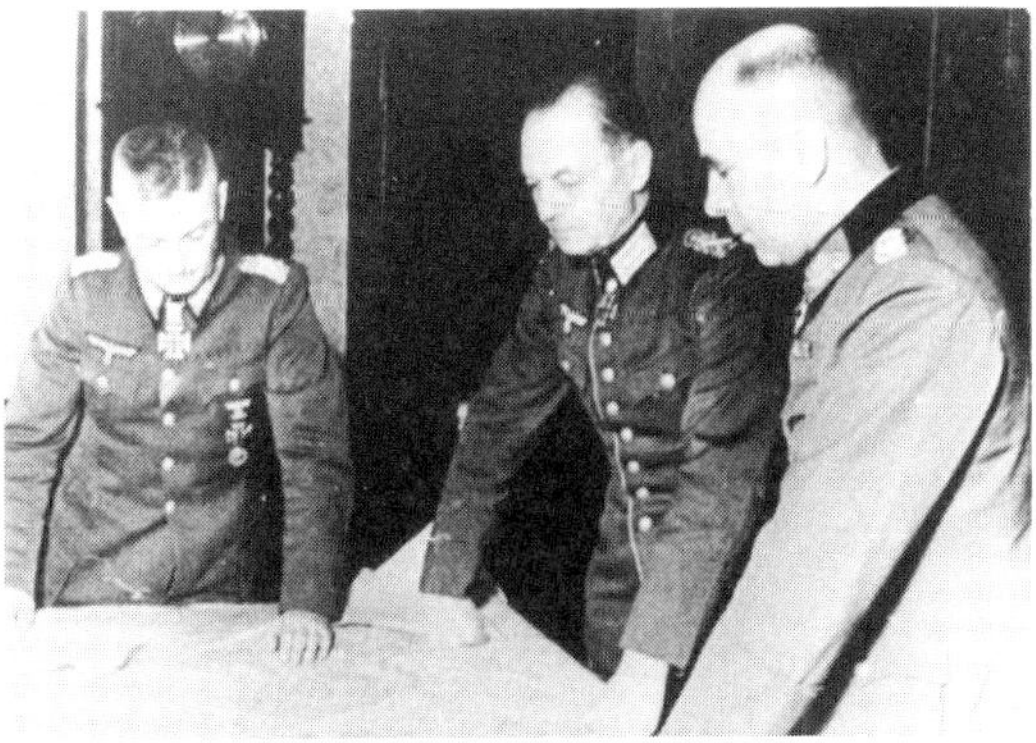

「ラインの守り」作戦会議中のドイツ軍幹部ら。左からハンス・クレープス、ヴァルター・モーデル、ゲルト・フォン・ルントシュテット　Bundesarchiv

作戦に参加する部隊は、東部ドイツや中欧各地などから鉄道によって集結させなければならなかったけれども、連合軍の空襲が予想される日中には、列車を森林やトンネルなどの待避所に隠し、夜間に移動して積荷の装備や物資、兵員を目的地で下ろすといった措置が取られた。高度の計画性と臨機応変に対応する能力を同時に要求される困難な作業であるにもかかわらず、ドイツ国防軍はこれをみごとにやってのけたのだ。

機密保持も厳重で、作戦計画を知るのはヒトラーとごく一部の高級軍人のみであったことはもちろん、作戦準備のための情報伝達も、有線・無線を問わず通信機材の使用を禁じ、特別に秘密厳守を宣誓させた将校に関連文書を運搬させた。皮肉なことに、西部戦線が大幅に後退し、ドイツ本国との距離が縮まったために、こうした昔ながらのやり方で、伝令を機能させることが可能になったのである。とはいえ、この措置は思いがけない効果をもたらした。というのは、連合軍はドイツ軍の無線暗号通信を傍受解読し、おおいに作戦立案に役立てていたのだが、それが断たれたために、アルデンヌ攻勢のきざしをつかむことができなかったのだ。

かくて、ドイツ軍は最後の戦略攻勢への準備を完了した。彼らが完全な奇襲に成功したことは、連合軍に衝撃を——ドイツ軍の実力からすれば、過大な衝撃を与えることになる。

つまずいていた攻勢

日付が一九四四年十二月十五日から十六日に変わるころ、ほとんど戦闘がなく、平穏な情勢が続いていることから「幽霊戦線《ゴースト・フロント》」と呼ばれていたアルデンヌ正面は、やはり静謐《せいひつ》を保っていた。しかし、それから数時間のうちに「幽霊戦線」は、砲撃の轟音《ごうおん》と履帯《キャタピラ》の響きに包まれ、一大戦闘のちまたと化した。「ラインの守り」作戦が開始されたのだ。

ドイツ軍の北翼を担当し、攻勢の主役となるのは、ヨーゼフ・「ゼップ」・ディートリヒSS上級大将(4)率いる第六SS装甲軍である。ヒトラーの護衛隊から出発し、戦争中に拡大されて、陸海空三軍につぐ第四の軍となった武装親衛隊を中心とする同装甲軍は、弱体な米軍部隊を蹴散らして、北西に旋回、北側面を確保しつつアントウェルペンに突進することになっていた。

その南には、東部戦線で装甲部隊運用の名手として名を馳せた男爵ハッソー・フォン・マントイフェル装甲兵大将指揮の第五装甲軍が配置されている。同装甲軍は第六ＳＳ装甲軍の南を併走するかたちで進撃、ムーズ川を渡河して、やはりアントウェルペンに向かう。

さらに、もっとも南、ドイツ軍からみて左翼には、歩兵中心の第七軍が置かれた。司令官は、西方侵攻や対ソ戦で経験を積んだベテラン、エーリヒ・ブランデンベルガー装甲兵大将だ。この第七軍は、北の第六ＳＳ・第五装甲の両軍が前進するにつれて、あらわになってしまう南側面をカバーし、予想される米軍の反撃に対応するものとされていた。

すでに大勢は決した、戦争はもう終わりだとばかり思い込んでいた米軍の戦線は、[5]各地でくずれた。Ⅴ号「豹《パンター》」、Ⅵ号「虎《ティーガー》」、Ⅵ号Ⅱ型「王虎《ケーニヒスティーガー》」といった強力な戦車を前面に立てたドイツ軍は猛進し、それでもなお抵抗する米軍の拠点を迂回、孤立させる。この初期段階でドイツ軍が上げた最大の成果は、アメリカ第一〇六歩兵師団の撃破であったろう。戦線に投入されたばかりで、経験に乏しいにもかかわらず、第一〇六歩兵師団は真正面からドイツ軍の攻撃にさらされることになり、その隷下《れいか》にあった歩兵連隊二個が包囲される。彼らは十二月十九日に降伏し、およそ九千名が捕虜となった。一九四二年にフィリピンのバターン半島において米軍守備隊が日本軍に降伏して以来の、米陸軍史上まれにみる敗北であった。

また、少数ながらも米軍後方の要点を押さえるために空挺部隊も降下したし（男爵フリードリヒ・フォン・デア・ハイテ空軍中佐指揮の「灰鷹《シュテッサー》」作戦）、米軍の軍服・装備を着用した特

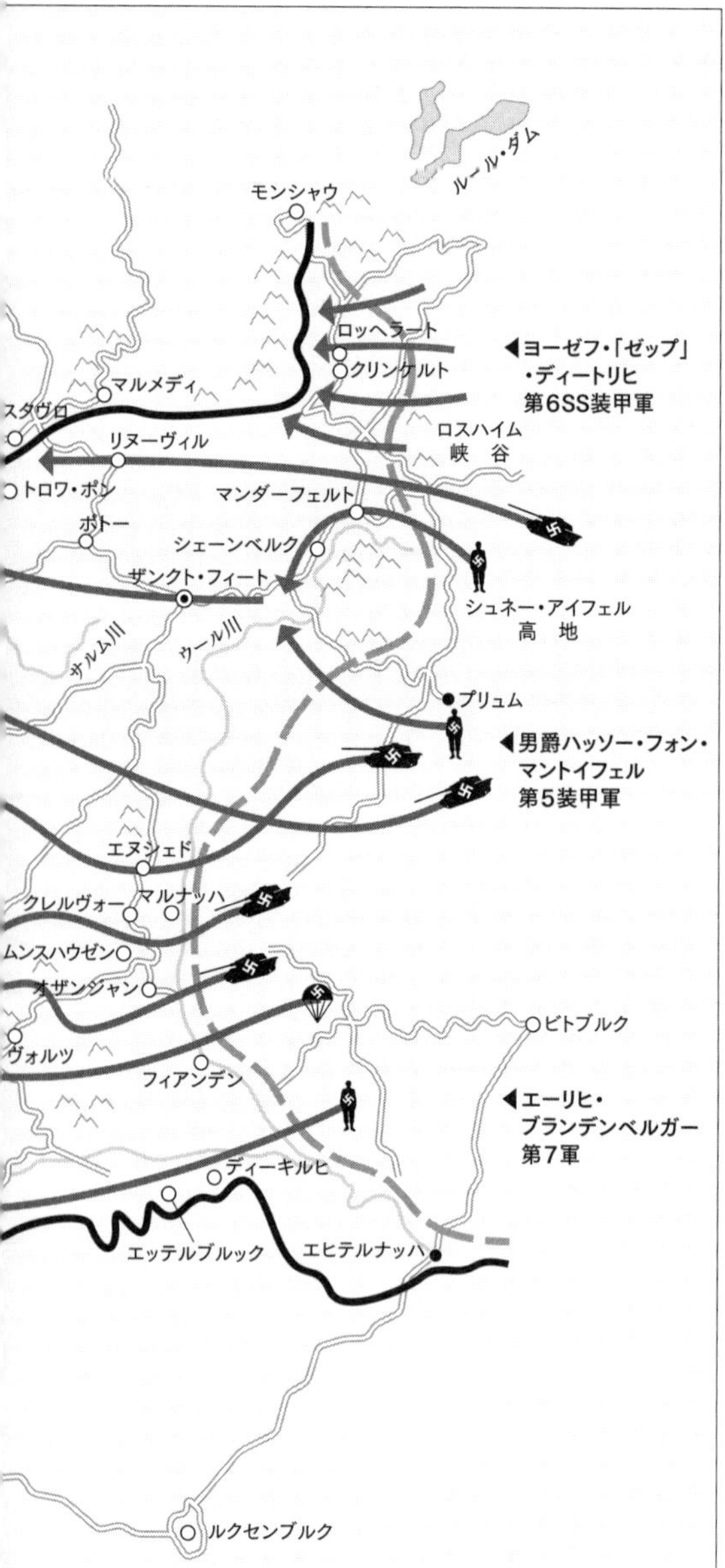

殊部隊による攪乱《かくらん》作戦（オットー・スコルツェニーSS中佐指揮の「グライフ」作戦。「グライフ」は、獅子の身体に鷲の翼を持つ伝説の動物）も実行された。これらは実質的な戦果を得たわけではなかったが、後方にドイツ軍が跳梁《ちょうりょう》している、味方のように見える者でも信用できないとの疑心暗鬼を連合軍に生じさせ、少なからぬ混乱を巻き起こした。

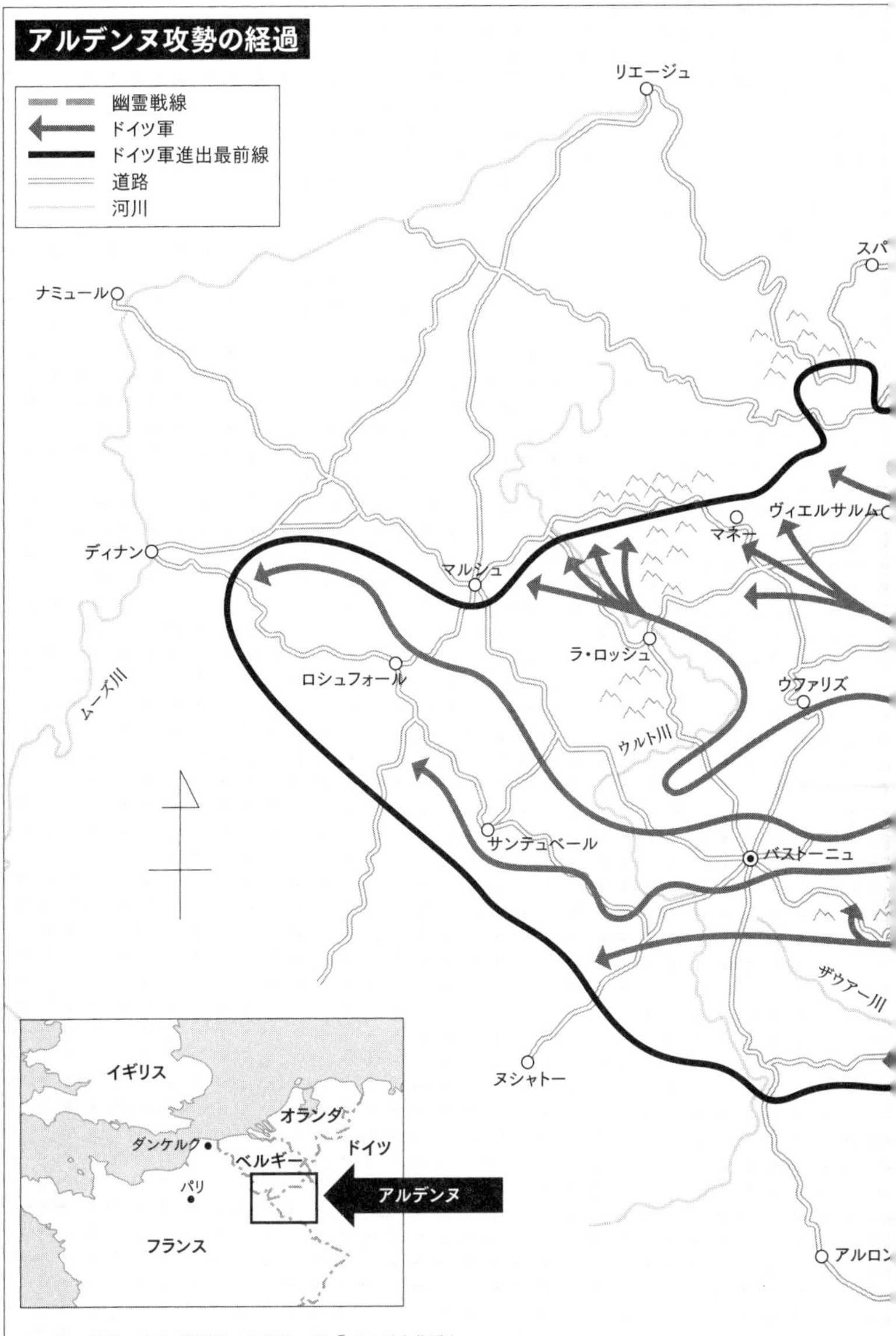

トーランド著、大木 毅監訳、向後英一訳『バルジ大作戦』
早川書房、2022年、12〜13頁より作成

こうした成功は連合軍を眩惑《げんわく》し、その実態以上に大規模な攻勢が実行されているかのごとくに錯覚させた。一九四〇年にフランスを崩壊させたドイツ軍の猛進撃の再現という、連合軍にとっての悪夢が突きつけられたかと思われたのだ。この、当時連合軍の将兵がおちいった一種のパニックとドイツ兵が抱いたであろう希望は、すべての結果を知る後世のわれわれにはなかなか実感しにくいのであるが――虚像はしょせん現実たり得ない。

いかに好調にみえようとも、「ラインの守り」作戦は緒戦《しょせん》の段階でつまずいていたのである。たしかに、アルデンヌ攻勢は初動で大きな戦果を上げ、投入された装甲部隊は猛進撃を示しはした。さはさりながら、所期の戦略目標からすれば、それほどの戦果でも少なすぎたし、前進も遅すぎたのであった。

ヒトラー総統は、ナチス・ドイツの総力を結集した攻撃の前には、遭遇する連合軍部隊も鎧《がい》袖一触《しゅういっしょく》、言うに足る抵抗を受けることもなく、アントウェルペンに到達し得ると確信していた。ところが、戦線こそ寸断されたものの、米軍部隊は孤立しながらもなお抵抗を続けており、ドイツ軍の行き足にブレーキをかけていたのだ。

そもそも、ヨードルが立てた計画では、アルデンヌ正面のほぼ全域にわたって突破、四十八時間以内にムーズ川を渡る予定だった。しかし、北の第六SS装甲軍の戦区では、歩兵師団が装甲部隊のための突破口を開くことに失敗、控置されていた装甲車輌の縦列は森林を迂回することもままならず、道路には大渋滞が発生するというありさまだったのである。南の第五装甲軍は、比較的地形が平坦だったこと、また軍司令官マントイフェルが早期に装甲部隊を投入したことが幸いし、大きく前進することができたが、それとても作戦計画通りというには程遠かった。なお、こうした経緯から、攻勢の重点は、当初主役を務めるはずだった第六SS装甲軍から第五装甲軍へと移された。

結果として、ドイツ軍は米軍戦線の間隙《かんげき》を縫《ぬ》って長駆進撃（ヨアヒム・「ヨーヘン」・パイパーSS中佐の率いる戦車、装甲擲弾兵《パンツァーグレナディアー》〔機械化歩兵〕などの混成部隊「パイパー戦隊《カンプフグルッペ》」の前進はその典型であった）、各地で米軍部隊を捕捉・急襲してはいたものの、補給・補充や増援部隊を送る道路の結節点の多くを奪取できないままであったから、たとえるなら槍の穂先だけが突き出された状態で、本格的・組織的な攻撃を行なうことは困難だった。ドイツ装甲部隊は、後方の道路ネットワークというスプリング・ボードが確保されないままに跳躍を強《し》いられたのであった。

結局のところ、アルデンヌ攻勢は見せかけの勝利にもかかわらず、初期段階で戦略・作戦的成功の可能性を失っていたのである。

砦《とりで》は陥落せず

これに対して、連合軍は――少なくとも連合軍首脳部は、ヒトラーの予想よりもはるかに早く、奇襲のショックから立ち直っていた。ドイツ軍反攻の報を聞いた連合国遠征軍最高司令官アイゼンハワー大将は、つづけざまに重大な決断を下す。イギリスのモントゴメリー元帥が指揮する第二一軍集団の麾下《きか》にアルデンヌ北部の米軍部隊を編入し、前進してくるドイツ軍部隊の側面に戦線を張らせるように命じたのだ。アイゼンハワーとモントゴメリーのあいだには、戦略方針をめぐってあつれきがあったのだが、(6)それを水に流してのみごとな采配といえた。このあと、「モンティ」は退却してくる米軍部隊と連結しつつ、ムーズ川沿いに強固な防衛線を築くことになる。

さらに、パットン将軍の米第三軍に対しては、北進し、ドイツ軍の南側面を攻撃するように命じる。ただちに旋回・前進できるかと尋ねたアイゼンハワーに対し、武勲を挙げる好機が到来したと気負い立っていたパットンは、「今すぐに」と答えたという。

攻勢進展によって、Uの字を横にしたかたちにふくらんでいくドイツ軍の戦線は、いまや「突出部《バルジ》」と称されるようになっている。そのバルジを、北の第二一軍集団を鉄床《かなとこ》、南のパットン第三軍をハンマーとして撃破する態勢がととのったのであった。かかる迅速で明確な作戦の形成こそ、寄せ集めの連合軍にはできっこないと、ヒトラーが高をくくっていたことだったのだ。

加えて、アイゼンハワーが打った手は作戦・戦術的にも適切だった。まずはアルデンヌ正面を押さえ、これ以上バルジが拡張されないようにすることを最優先として、使用し得る予備のはとんどすべてを投入したのである。そのなかには、米軍の最精鋭、第八二ならびに第一〇一

アルデンヌ攻勢における米軍の戦闘序列

アメリカ軍(1944年12月16日)

- 連合国遠征軍最高司令部(ドワイト・D・アイゼンハワー大将)
  - 第12軍集団(オマー・N・ブラッドレー中将)
    - 第94歩兵師団
    - 第９軍(ウィリアム・H・シンプソン中将)
      - 第13軍団
        - 第84歩兵師団
        - 第102歩兵師団
        - 第７機甲師団
      - 第19軍団
        - 第２機甲師団
      - 第30歩兵師団
      - 第16軍団
        - 第75歩兵師団
    - 第１軍(コートニー・H・ホッジス中将)
      - 第７軍団
        - 第104歩兵師団
        - 第９歩兵師団
        - 第83歩兵師団
        - 第５機甲師団
        - 第１歩兵師団
        - 第３機甲師団
      - 第５軍団
        - 第８歩兵師団
        - 第78歩兵師団
        - 第２歩兵師団
        - 第99歩兵師団
      - 第８軍団
        - 第106歩兵師団
        - 第28歩兵師団
        - 第９機甲師団
        - 第４歩兵師団
    - 第３軍(ジョージ・S・パットン中将)
      - 第20軍団
        - 第90歩兵師団
        - 第５歩兵師団
        - 第95歩兵師団
        - 第10機甲師団
      - 第12軍団
        - 第６機甲師団
        - 第35歩兵師団
        - 第87歩兵師団
        - 第80歩兵師団
      - 第３軍団
        - 第４機甲師団
        - 第26歩兵師団

アルデンヌ攻勢に関連する部隊のみを挙げた。軍、軍団等に直属する小単位の部隊は割愛した。
Trevor N. Dupuy, *Hitler's Last Gamble. The Battle of the Bulge, December 1944-January 1945,* paperback-edition, New York, NY., 1995, Appendix D より作成

空挺師団も含まれていた。本来ならば、戦略的に重要な地点を空から奪取する虎の子だが、バルジの危機に直面したアイゼンハワーは、このエリート部隊を敢えて歩兵として使い、ドイツ軍にぶつけることにしたのであった。

これらの米軍部隊は適宜、アルデンヌ正面の緊要《きんよう》地形（交通の要衝《ようしょう》や、戦区周辺を制圧する、もしくは防御のかなめとするのに適した地形）の守備にあたった。彼らは、あるいはドイツ軍に撃破され、あるいは任務を全《まっと》うして持ち場を守りぬくなど、さまざまな結末を迎えたのであるけれども、パットン第三軍の到着まで時間をかせぐという成果をひとしく上げたことは間違いない。

そうした米軍防御拠点のうち、とりわけ重要だったのは二つの町、北のザンクト・フィート⑺と南のバストーニュであった。これらは、いずれも四方八方の道路がそこで結ばれる交通の要衝であり、ドイツ軍にとっては、補給路確保のためにも、攻勢部隊の自在な進退を確保するためにも不可欠の地点だったのだ。したがって、第六ＳＳ装甲軍に代わって、「ラインの守り」作戦の主役となったマントイフェルの第五装甲軍は、全力をあげて攻略にかかった。

ザンクト・フィートの米軍守備隊は、前線から後退してきた部隊の残存兵と増援部隊をかき集めたもので、必ずしも質は高くない。それでも、彼らはよく戦い、ドイツ軍の前進をくいとめた。しかし、圧倒的な敵軍に押されて、東・南・北の三面で敵に対し、味方との連絡線が通じているのは西側だけという厳しい状況におちいったため、新司令官モントゴメリー元帥の許可を得て、十二月二十三日に後方陣地への撤退を開始した。かくてザンクト・フィートは陥落したが、同地の米軍守備隊は充分任務を果たしたものといえる。およそ一週間にわたり、ドイツ軍の強力な部隊を拘束し、しかも補給と部隊輸送の動脈を詰まらせておくことに成功したからである。

バストーニュで、空中投下された物資を受け取る第101空挺師団

南のバストーニュをめぐる攻防は、もっと劇的であった。師団長代理[8]のアントニー・マッコーリフ准将の指揮のもと、第一〇一空挺師団は四百輛《りょう》弱のトラックを連ねて、バストーニュに急行した。同師団は間一髪、ドイツ軍の攻撃前に町に入ることができたものの、すぐに全周包囲され、退路も連絡線も断たれてしまう。最有力のドイツ軍部隊がバストーニュを囲んだことを考えれば、マッコーリフと第一〇一空挺師団の命運は尽きたかとさえ思われる事態であった。

かような状況に鑑《かんが》み、ドイツ軍は奇策に出た。十二月二十二日、マッコーリフの司令部に軍使を送り、これ以上抵抗しても無駄だから降伏せよと勧告したのである。これを受けたマッコーリフはペンを取り、今日までも語りつがれている回答書をしたためた。きわめて短いものであるため、全文引用しよう。

ドイツ軍司令官閣下宛
馬鹿野郎《ナッツ》！

――アメリカ軍司令官
（前掲『バルジ大作戦』）

バストーニュの「砦《とりで》」は陥落しなかった。第五装甲軍の度重なる攻撃にもかかわらず、第一〇一空挺師団は頑張《がんば》りぬいたのだ。やがて、西部劇で危機一髪の状態におちいった主人公を助ける騎兵隊よろしく、パットン第三軍が到着する。これに対し、防壁を形成することになっていた独第七軍は貧弱な兵力しか有しておらず、アメリカ機甲師団の突進を止めることはできない。バストーニュは救援され、バルジは根元から切断されかねない状況となった。この時点でムーズ河畔《かはん》まで進出していたドイツ軍部隊もあったのだが、こうなっては包囲をまぬがれるしかない。戦線突出部は拡張されたとき以上の勢いで収縮していく。

一九四五年一月八日、ヒトラーは総退却を許可、ドイツ軍最後の戦略攻勢は失敗に終わった。

アルデンヌ攻勢におけるドイツ軍の戦闘序列

ドイツ軍(1944年12月16日)

- 総統アドルフ・ヒトラー
  - 国防軍最高司令部(ヴィルヘルム・カイテル元帥)
    - 第３装甲擲弾兵師団
    - 総統護衛旅団
    - 総統擲弾兵旅団
    - 第167国民擲弾兵師団
    - 第150装甲旅団(「グライフ」部隊)
    - フォン・デア・ハイテ戦隊
    - 第10ＳＳ「フルンツベルク」装甲師団
    - 第６ＳＳ「ノルト」山岳師団
  - 西方総軍(ゲルト・フォン・ルントシュテット元帥)
    - Ｂ軍集団(ヴァルター・モーデル元帥)
      - 第79国民擲弾兵師団
      - 第６ＳＳ装甲軍(ヨーゼフ・「ゼップ」・ディートリヒＳＳ上級大将)
        - 第67軍団
          - 第272国民擲弾兵師団
          - 第326国民擲弾兵師団
        - 第１ＳＳ装甲軍団
          - 第277国民擲弾兵師団
          - 第12国民擲弾兵師団
          - 第12ＳＳ「ヒトラー・ユーゲント」装甲師団
          - 第１ＳＳ「アドルフ・ヒトラー直衛旗団」装甲師団
        - 第２ＳＳ装甲軍団
          - 第２ＳＳ「帝国《ダス・ライヒ》」装甲師団
          - 第９ＳＳ「ホーエンシュタウフェン」装甲師団
      - 第５装甲軍(男爵ハッソー・フォン・マントイフェル装甲兵大将)
        - 第66軍団
          - 第18国民擲弾兵師団
          - 第62国民擲弾兵師団
        - 第58装甲軍団
          - 第116装甲師団
          - 第560国民擲弾兵師団
        - 第47装甲軍団
          - 第２装甲師団
          - 第26国民擲弾兵師団
          - 装甲教導師団
      - 第７軍(エーリヒ・ブランデンベルガー装甲兵大将)
        - 第85軍団
          - 第５降下猟兵師団
          - 第352国民擲弾兵師団
        - 第80軍団
          - 第276国民擲弾兵師団
          - 第212国民擲弾兵師団
        - 第53軍団(作戦開始当初、麾下に師団なし)

装甲擲弾兵＝機械化歩兵　国民擲弾兵＝歩兵　降下猟兵＝空挺部隊

アルデンヌ攻勢に関連する部隊のみを挙げた。軍、軍団等に直属する小単位の部隊は割愛した。
Trevor N. Dupuy, *Hitler's Last Gamble. The Battle of the Bulge, December 1944-January 1945*, paperback-edition, New York, NY., 1995, Appendix D より作成

結語

「ラインの守り」作戦は、しばしばヒトラーの賭けであったといわれる。さはさりながら、本章で検討したように、戦略・作戦・戦術の各次元でそれなりの成算が見込まれており、ただ無謀な攻勢だったというわけでは必ずしもないように思われる。

しかしながら、ヒトラーの壮大な戦略には土台がなかった。戦争勝利へのロードマップは、ヒトラーならではの独善的なものではあったにせよ、存在していた。けれども、この独裁者にとっては不幸なことに、一九四四年十二月のドイツ軍は、彼の戦略構想を実行するには、あまりにも貧弱な手段しか持ち合わせていなかったのである。

註

（1） ただし、映画『バルジ大作戦』は、実際のアルデンヌ攻勢のさまざまなエピソードを取り入れてはいるものの、トータルにみればフィクションである。

（2） イギリスの軍事史家キャディック・アダムスは、一九四四年七月二十日のヒトラー暗殺未遂事件に着目し、興味深い議論を行なっている。このクーデターの試みに脅威を覚えたヒトラーは、自らのカリスマ性を高め、将軍たちへの統制を強めるために、一種のパフォーマンスを示したのではないかというのだ。すなわち、ヒトラーは事前にアルデンヌで攻勢をかける案をヨードルに検討させておきながら、九月十六日の会議で、あたかもその場で天才的インスピレーションを得たかのごとくに切り出してみせたというのである。蓋然性があると思われる推測だが、あいにく、それを証明する文書などは発見されていない（Peter Caddick-Adams, *Sncw & Steel*）。

（3）ここでも映画の邦題を借りるならば、日本では『パットン大戦車軍団』で知られた部隊である。

（4）ディートリヒは、ナチス党が泡沫《ほうまつ》政党であったころからヒトラーに忠誠を誓っており、下士官として第一次世界大戦に従軍しただけで、将校教育を受けていないにもかかわらず、武装親衛隊の指揮官として累進《るいしん》した。陸軍大学校はおろか、士官学校も出ていない人間が、最終的には一個軍を預かることになったのだ。そうした軍歴からして、ディートリヒの指揮・作戦能力はけっして高いものではなかったが、叩き上げで兵隊の心を理解する将軍として、隷下将兵からは非常に敬愛されていたという（Charles Messenger, *Hitler's Gladiator*）。

また、いわば彼の「頭脳」として、第六ＳＳ装甲軍参謀長には、フリッツ・クレーマーＳＳ少将が配されていた。クレーマーはもともと陸軍士官で、陸軍大学校を卒業、参謀将校を務めた知性派であった。それが一九四三年に武装親衛隊に軍種転換したのである（急激に拡張された武装親衛隊には参謀勤務可能な人材が不足しており、このように陸軍の参謀将校を抽出《ちゅうしゅつ》・配置した例が少なくなかった）。つまり、しばしば揶揄《やゆ》されるように、第六ＳＳ装甲軍司令部は、作戦・戦術的に無能というわけではなかったのだ（Schulz/ Wegmann/ Zinke, *Die Generale der Waffen-SS und der Polizei*, Bd.2）。

（5）連合国遠征軍最高司令官ドワイト・Ｄ・アイゼンハワー大将は、クリスマスまでに戦争が終わるかどうか、モントゴメリー元帥と賭けをしていたという。

（6）全戦線にわたって均等に押していき、ドイツ本土に攻め入るべきだとする、いわゆる「広正面戦略」を取るアイゼンハワーに対し、モントゴメリーは自らの第二一軍集団に兵力と物資を集中し、そこから突破すべきだと主張していた。

（7）日本ではこれまで、原綴《げんてつ》St. Vithをフランス語読みした「サン・ヴィット」表記が一般的であったが、この町はドイツ語話者の居住地域にあるため、「ザンクト・フィート」のほうが現地発音に近い。

（8）師団長のマックスウェル・テイラー少将は本国に一時帰還中であった。ちなみに、テイラーは空挺部隊出身の将軍らしい出世ぶりをみせ、戦後に米陸軍参謀総長に就任している。

第十一章

即興の勝利

――レーマーゲン鉄橋攻防戦（一九四五年三月）

非アメリカ的「戦争流儀」

意外に思われるかもしれないが、戦争の勝利という最終目標の達成に多大なる貢献をなしたにもかかわらず、第二次世界大戦における米陸軍、その作戦・戦術次元での戦闘有効性《コンバット・エフェクティヴネス》に対する評価は、必ずしも高くはない。既定の計画を予定通りに進行させることに固執《こしゅう》し、しばしば戦機を逃した。火力の優位に頼るあまり、過剰で、場合によっては不必要な砲爆撃に時間と弾薬を浪費した……。

こうした批判はそれ自体としては誤りではないが、当時のアメリカ合衆国が享受《きょうじゅ》していた戦略環境を考えれば、一定の留保が必要であろう。というのは、「持てる国」であるアメリカの陸軍は、敵となった「持たざる国」の軍隊、ドイツ国防軍《ヴェーアマハト》や日本陸軍とちがって、戦略的な不利を作戦・戦術次元でのファインプレイで補う必要がなかったと考えられるからだ。

米陸軍は、彼らがふんだんに有していたリソースを、効率的に配分し、計画的に投入することで、失敗や錯誤の可能性を極小化しつつ、成功を追求することができた。作戦・戦術レベルでリスクを冒して、勝利をもぎ取るといった指揮は、不確実性が忍び入るデメリットのほうが大きいと判断されたのである。

そのような第二次世界大戦での米陸軍のあり方を研究した、スイスの歴史家ヨーナタン・ツイマーリは、それは指揮というよりも、リソースの「マネジメント」であったと結論づけ、かかる傾向は朝鮮戦争やヴェトナム戦争のころまでも続いたとしている。

なるほど、西半球の大国から、世界的な超大国《スーパーパワー》へ脱皮する途上にあったアメリカは、ゆくてをさえぎる敵に対し、常に圧倒的な物量の優位を用意することができた。だとすれば、ドイツ軍や日本軍のように、物質的な不足を作戦や戦術といったソフトウェアで埋め合わせることに汲々《きゅうきゅう》とせず、リソースの計画的な使用によって確実に勝利を得る方向に進んでいったのも理の当然というべきで、それが、第二次世界大戦時の「アメリカの戦争流儀《アメリカン・ウェイ・オヴ・ウォー》」だったといえよう。

しかしながら、どのような軍隊であっても、保守本流のドクトリンに逆らって、思わぬ成功を収める指揮官がいる。第二次世界大戦の米陸軍にあっても、アメリカ流ならざる臨機応変の決断と行動によって、勝利をつかんだ者はけっして少なくない。

一九四五年三月のレーマーゲン鉄橋をめぐる戦い(1)などは、その典型的な事例であった。このとき、先鋒《せんぽう》になった米軍部隊は、ドイツ軍が犯したミスに乗じ、作戦・戦術次元の即興性を最大限に発揮して、わずかな兵力でライン川という天然の防壁に大穴を開けたのである。以下、この戦闘の経緯を論述し、「戦争流儀」の視点に留意しつつ、青天の霹靂《へきれき》ともいうべき大成功をアメリカ軍にもたらした要因を分析していくこととしたい。

戦火、ライン川に迫る

私事にわたり恐縮であるけれども、筆者は、本章の舞台となるレーマーゲン市を訪れたことが何度もある。留学中に下宿していたバート・ゴーデスベルクから列車で小一時間ほどで、休日の遠出先としては、ちょうどよいところだった。

　レーマーゲンは、まことに小さく閑雅《かんが》な町で、駅から十分も歩けば中心部を通り抜けてライン川に至り、箱庭細工のように見える東岸のありさまを一望できる。かつて、そこにはルーデンドルフ橋(2)が架《か》かっており、両岸を結ぶ通路となっていたのだが、今日でも、そのなごり、橋《きょう》塔《とう》が博物館となっており、昔を偲《しの》ぶよすがとなっている。

　だが、八十年近く前、この風光明媚《ふうこうめいび》な町は最前線になろうとしていた。ノルマンディに上陸し、激闘を繰り返しながらフランスやオランダ、ベルギーを横断してきた連合国の遠征軍が、ついにドイツ本土への進攻を開始したのである。

　これを迎え撃つドイツ軍は前年、一九四四年十二月に発動されたアルデンヌ攻勢に失敗し、戦略・作戦レベルの抵抗力を失ったも同然であった。彼らにできるのは、消耗・疲弊《ひへい》しきった既存部隊と、泥縄式《どろなわしき》に編成された「国民突撃隊《フォルクスシュトゥルム》」(3)で薄い防衛線を張るか、拠点防御を実行する一方、ごく少数の、戦力を残していた予備部隊で、機会をつかんでは局所的な反撃を加えることぐらいだったのだ。

　ゆえに、西部戦線のドイツ軍は、最後の防壁——ライン川に希望を託すほかなかった。スイスの山中に源流を発し、独仏国境地帯からオランダを通って北海《ほっかい》に流れ込む、全長一千二百余キロの大河だ。その流域も今や戦場になりつつあるが、そこに架かる大小さまざまな橋をすべて爆破してしまえば、「父なるライン」(4)は連合軍のドイツ進撃を阻《はば》む巨大な水濠《すいごう》と化す。かくてドイツの川の王者を防衛線として、それを死守すれば、第三帝国の延命も夢ではなく、その間に政治的な解決を可能とするような状況の変化も生じるやもしれぬ。

無傷の橋を見つけたら

一方、攻める連合軍からすれば、さような事態の生起は、なんとしても許すわけにいかなかった。先に触れたドイツ軍アルデンヌ攻勢によって惹起《じゃっき》された「バルジの戦い」(一九四四年十二月〜四五年一月)の勝利により、連合軍は勢いづき、ほとんど全戦線にわたって進撃しつつある。かかる衝力《モーメンタム》を失うことなくドイツ本国に突入し、戦争の勝敗を決するには、迅速なライン渡河《とか》が必要不可欠なのであった。

こうした情勢下、連合国遠征軍最高司令官ドワイト・D・アイゼンハワー米陸軍元帥(一九四四年十二月二十日に戦時進級)も、従来の方針とは裏腹に、ライン渡河の重点を定めることを余儀なくされた。

これまでアイゼンハワーは、どこか一正面に戦力を集中するのではなく、戦線のほとんどすべてで圧力をかけて、不均等な攻勢を行なった場合に生じるであろう齟齬《そご》を回避しつつ進撃するという「広正面戦略」を採用していた。

これは「狭正面戦略」、すなわち、限られた正面に持てるリソースを注ぎ込み、いわゆる一点突破の全面展開をはかるべきだとした英第二一軍集団司令官バーナード・ロー・モントゴメリー英陸軍元帥の主張（それには、当然、自分の担当正面にあらゆる戦力を集中せよとの議論も含まれていた）と真っ向から対立するもので、しばしばあつれきの種となっていたのである。

だが、さしものアイゼンハワーといえども、大河ラインを渡るにあたって、リソースを分散することはできなかった。連合軍戦線の北部に位置している英第二一軍集団を主攻部隊と定め、その戦域に砲兵・工兵部隊や上陸用舟艇、大量の物資を投入、一大渡河攻勢「掠奪《プランダー》」作戦を実行させることにしたのだ。[5] しかも、この攻撃は、ライン川東岸を確保するための空挺作戦「大学代表チーム《ヴァーシティ》」[6]によって支援される。

こうしてラインを渡河した英第二一軍集団は、ドイツ西部のルール工業地帯へ突進、これを占領して、第三帝国の継戦能力に致命的な一撃を与える。最終的な参加兵力は百万以上にのぼり、ノルマンディ上陸に匹敵する規模となる作戦であった。

もっとも、アイゼンハワーには、モントゴメリーが攻勢を遂行しているあいだ、他部隊を休ませておく気はなかった。第二一軍集団の南に展開している、オマー・N・ブラッドレー中将の米第一二軍集団に、「プランダー」作戦の側面掩護《えんご》と同時に、ライン川西岸に残っているドイツ軍部隊の東岸への撤退を阻み、その撃滅をはかる「木こり《ランバージャック》」作戦の実施を命じたのである。

その際、アイゼンハワーは、のちに重要な意味を持つことになる指示を出していた。万一にでも、ライン川に架かっている無傷の橋を見つけたら、それを最大限に活用し、対岸に橋頭堡《きょうとうほ》を築くべし(7)と補足していたのだ。

おそらく、彼自身、かような幸運はあり得ないと思いつつ、念のために述べておいたのであろうけれども、戦神《マルス》は、ある米軍部隊にとびきりのつきを与えていた。その部隊こそ、第一二軍集団指揮下にあった、米第一軍第三軍団に所属する第九機甲師団のB「戦闘団《コンバット・コマンド》」だった。

戦闘団とは、第二次世界大戦中盤から一九六〇年代初頭まで、アメリカ機甲師団が採用していた諸兵科連合の戦闘組織をいう。師団は通常、建制《けんせい》にしたがい、隷下《れいか》の諸連隊ならびに、工兵隊や砲兵隊など師団司令部直属の部隊から構成される。しかし、米機甲師団は、この建制をくずして、戦車、機械化歩兵、捜索部隊、自走砲部隊などを任務に合わせて自在に組み合わせ、戦闘団を編合した。一個機甲師団につき、A、B、Rの三個戦闘団が編合されるのが常であった。対するドイツ軍も、同様のアドホックな戦闘組織として、すでに触れた「戦闘団《カンプフグルッペ》」を編合しており、そうした手法は、近代戦に必要とされる諸兵科協同の効果を上げるために、各国陸軍がひとしく到達したものだったといえよう。

混乱するドイツ軍

このように経験を積み、戦力も充実したアメリカ軍に対し、一九四五年の西部戦線にあったドイツ軍は無惨《むざん》なありさまとなっていた。アルデンヌ攻勢に失敗し、後退する過程で多数の将兵や装備を失った上に、その補充はままならない。西部戦線の指揮を執る西方総軍《オーバーベフェールスハーバー・ヴェスト》司令官ゲルト・フォン・ルントシュテット元帥は、一九四五年三月の時点において、麾下《きか》の主力部隊であるB軍集団（ヴァルター・モーデル元帥指揮）の実兵力は、完全充足された師団六個半に相当する程度だと判断していた。事実、B軍集団に所属し、ライン川上流域の防衛を担当する、グスタフ＝アドルフ・フォン・ツァンゲン歩兵大将指揮の第一五軍も、その保有兵力は四万ほどでしかなかった。

さらに、総統アドルフ・ヒトラーが、最後の一兵までライン川西岸を死守せよ、東岸への退却はまかりならんと厳命したことも、ドイツ軍の潰滅《かいめつ》を早めることになった。ライン川の西岸地域には、一九三〇年代後半から一九四〇年にかけて、「ジークフリート線」と呼ばれる要塞帯が築かれている。フランス降伏後、その備砲や防御設備は、大西洋沿岸の要塞などに転用され、ジークフリート線は弱体化していたものの、連合軍がドイツ国境に近づくにつれ再整備され、「西方防壁《ヴェストヴァル》」と称されるようになっていた。ヒトラーは、ライン川ではなく、この西方防壁に拠《よ》って、防衛戦を遂行することを考えたのである。

しかしながら、急ごしらえの西方防壁では、圧倒的な火力を誇るアメリカ軍を押しとどめることなどできはしない。それどころか、ヒトラーの陣地固守命令ゆえに、現場の諸部隊は柔軟な進退が不可能になり、孤立しては各個撃破されていくという憂き目《うめあ》に遭うことになったのだ。

加えて、戦場がドイツ本土に移るにつれ、指揮の混乱も生じた。本国の軍事組織は、補充軍《エアザッツヘーア》司令官、すなわち、ハインリヒ・ヒムラー親衛隊全国長官の管轄となるから、野戦軍の指揮官たちが容喙《ようかい》することはできない。ところが、ドイツ軍の戦線が後退し、補充軍麾下の新編・補充部隊が戦闘に参加せざるを得ない状況が生起したにもかかわらず、それらは野戦軍とは別の指揮系統で動き、有効に使用できないといった事態が多発したのである。

このような失敗の結果、当然のことながら、西部戦線のドイツ軍は退却につぐ退却を強いられた。もはや頼みの綱となるのはライン川のみ。ただし、ライン川を天然の防壁とするためには、そこに架かる橋梁《きょうりょう》をすべて爆破しなければならない。ドイツ軍はときに、肉迫してくる米軍部隊の眼前で爆薬に点火するといった、きわどい作業もこなしつつ、つぎつぎとライン川の橋を落としていく。

そう、レーマーゲンのルーデンドルフ橋も、同様に爆破されるはずだった――。

「軽騎兵の一撃《フザーレンシュトライヒ》」

一九四五年三月七日、レーマーゲン地区守備隊長ヴィルヘルム・ブラートゲ大尉は困惑していた。ブラートゲは、ポーランドやフランスへの侵攻、対ソ戦などに従軍し、一九四四年八月に東部戦線で負傷したのち、レーマーゲン守備隊長に任命された古強者《ふるつわもの》である。この日、レーマーゲンの南北に米軍が進んできたと知った彼は、ただちにルーデンドルフ橋を爆破しようとしていた。

しかし、前夜、レーマーゲン地区に対する指揮権を継承したヨハン・シェラー少佐が待ったをかける。シェラー少佐は、上級組織であり、この正面を担当している第六七軍団司令部の副官だったが、派遣幕僚としてブラートゲを指揮するためにやってきたのだ。少佐は、可能なかぎり多くの将兵と装備をライン川東岸に撤退させることを望んでおり、そのため、橋の破壊をなるべく先延ばしにしたいと考えていたのである。

だが、敵は目前に迫っている。ブラートゲは、直接橋の爆破に当たる工兵中隊長カール・フリーゼンハーン大尉とともに、この新任の上官を説得しようと試みたものの、シェラーは、爆破の準備を万全にしておくようにと言ったのみで、その実行は自分の指示を待てと命じたのだ。

こうしたやり取りで時間が空費されるうちに、午後三時、ルーデンドルフ橋付近で最初の銃声が響いた。米第九機甲師団B戦闘団から抽出《ちゅうしゅつ》・編合された「エンジェマン任務部隊《タスクフォース》」が、ライン川に突進してきたのである。同任務部隊は、レナード・エンジェマン中佐の指揮のもと、レーマーゲンを占領し、右翼にいた米第三軍の部隊と手をつなぐべく南下せよと命じられていた。しかし、ルーデンドルフ橋が落とされておらず、ドイツ軍部隊がその上を退却していくさまを目撃し、B戦闘団司令部に報告、その増援を受けた上で急襲に踏み切ったのであった。

これに対するドイツ軍の対応は、ぶざまなものだった。爆破の許可を求めるブラートゲと、ぎりぎりまで待てと主張するシェラーの

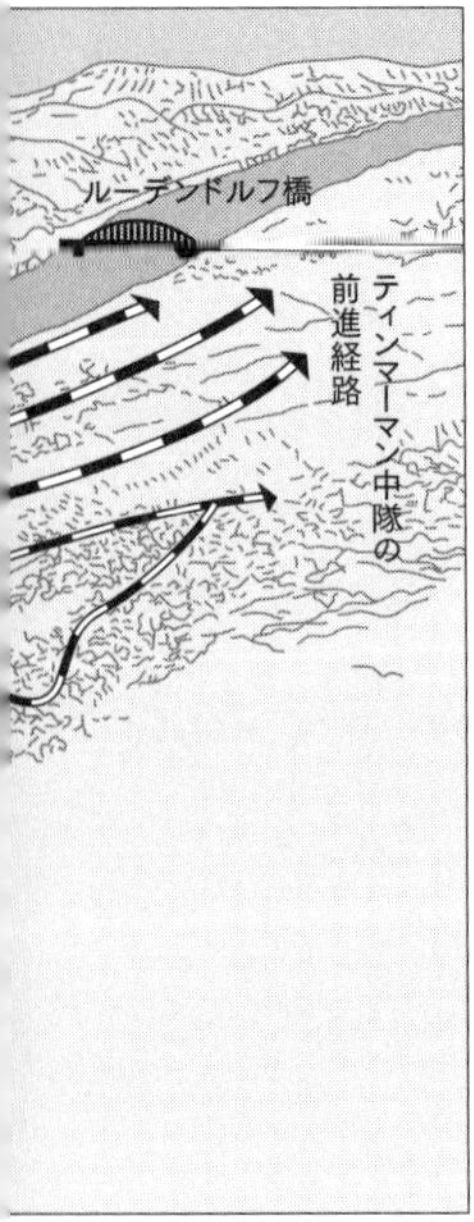

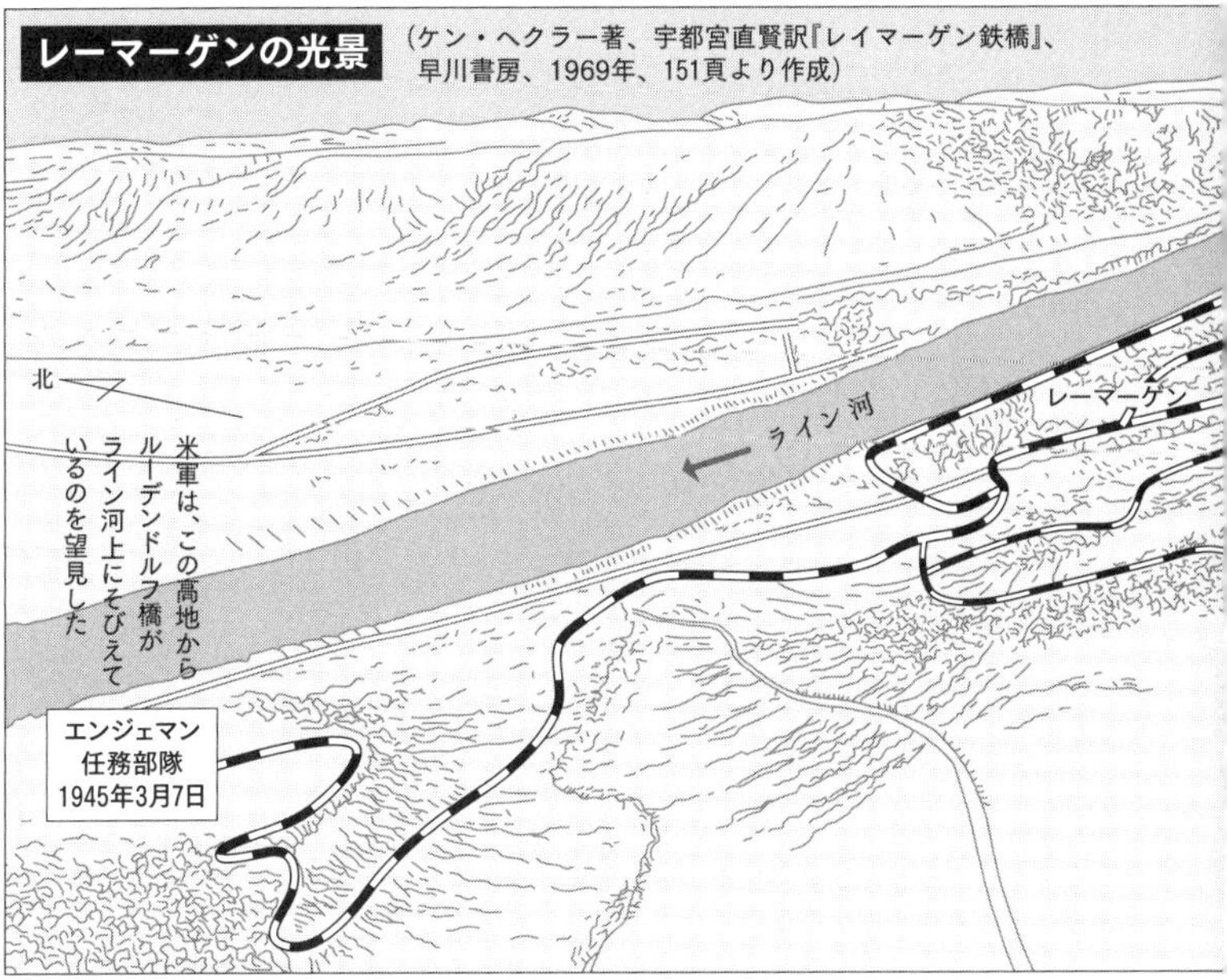

レーマーゲンの光景（ケン・ヘクラー著、宇都宮直賢訳『レイマーゲン鉄橋』、早川書房、1969年、151頁より作成）

押し問答の結果、午後三時二十分になって、ようやく爆薬点火となったが――不発となる。おそらく、砲撃で点火用の電気回路が切断されていたのであろう。

　しかたなく、ドイツ軍は、ある志願した下士官（アントン・ファウスト伍長）により、手動による点火を敢行、さらなる爆破を試みたが、今度は爆薬不足で、橋を崩落させるには至らなかった。爆破責任者のフリーゼンハーンは爆薬六百キログラムを要求していたにもかかわらず、現場には三百キロしか届いておらず、しかもそれは、破壊力の少ない、硝酸《しょうさん》アンモニウムをもとにした工業用爆薬だったのだ。加えて、ルーデンドルフ橋周辺に展開していたドイツ軍の兵力は、訓練不足で装備も貧弱な国民突撃隊などを含めても一千ほどでしかなかった。

むろんアメリカ軍が、この千載一遇《せんざいいちぐう》のチャンスを無駄にするはずがない。エンジェマン任務部隊に配されていた第二七機甲歩兵大隊A中隊の長、カール・ティンマーマン少尉は、ルーデンドルフ橋の奪取を命じられ、戦車の支援を受けながら、これをなしとげた。ドイツ軍が持ち前の柔軟性を失い、硬直した対応しかできなかった隙《すき》を衝《つ》いて、計画性偏重のきらいがあったアメリカ軍が、臨機応変の行動によって成功を収めたのである。いわば、米独両軍の例外と例外が乗算《じょうざん》的効果を生み出したといえよう。

ちなみに、ティンマーマン少尉は、姓が示す通り、独系米国人であり、自身もドイツ中西部のフランクフルト・アム・マインに生まれている。その彼が、ナポレオン以来初めてライン川を渡って、ドイツに進攻する軍隊の尖兵《せんぺい》となったのであった。

いずれにせよ、第九機甲師団B戦闘団が敵中を長駆進撃、ルーデンドルフ橋を急襲・奪取したことにより、ライン川という障害に通路が開かれることになった。ドイツ語にHusarenstreichという単語がある。「大胆不敵な一挙」という意味だが、直訳すれば「軽騎兵の一撃《フザーレンシュトライヒ》」になる。ルーデンドルフ橋の爆破に失敗したドイツ軍にしてみれば、まさに、いずこからともなく現れた華麗な軍服の軽騎兵に、またたく間に斬り倒された思いであったろう。

橋頭堡《きょうとうほ》の確保と拡大

奪取されたルーデンドルフ橋には、ただちに米軍工兵隊と橋梁部隊が派遣され、修理と補強にとりかかった。占領の翌日、三月八日の朝にはもう、増援された米第七八歩兵師団の先陣が橋を渡る。第七八歩兵師団に続いて、第七九と第九九の両歩兵師団もライン川東岸に進んだ。これらは効率的な橋頭堡の拡大と前進をはかるため、一時的に第九機甲師団B戦闘団の指揮下に入った。

一時は、橋板に開いた穴に戦車がはまり込み、車輌《しゃりょう》が通行不能となることもあったが、アメリカ軍は組織の優越を見せつけるかのように、新手《あらて》の部隊を東へと着実に送り込んでいく。橋頭堡を見下ろす位置にあり、脅威となっていたドイツ軍陣地も掃討《そうとう》された。ダムに開けられた小さな穴はたちまち拡大し、オリーヴドラブ[8]の奔流《ほんりゅう》を招き入れることになったのである。

むろん、こうした重点変更は、アイゼンハワー連合国遠征軍最高司令官の承認を得ていた。レーマーゲンでライン渡河に成功したとの報告を受けたアイゼンハワーは、降伏したケルン市方面の占領に当たる予定だった五個師団を、そちらにまわすと決定していたのだ。

また、アメリカ軍は、予想外の地点に開かれたドイツ本国への門に、空の傘をさしかけるこ

カール・ティンマーマン少尉

とも忘れなかった。ドイツ側からみれば、ルーデンドルフ橋を破壊するか、使用不能におとしいれなければ、西部戦線が決壊《けっかい》するのは明白であったから、たとえ満身創痍《まんしんそうい》ともいうべき状態にあったとしても、使用可能な航空部隊のすべてを投じて、反撃に出てくることは必至だったからだ。

そのために、米陸軍航空軍の第三五九戦闘航空群ならびに第四〇四戦闘爆撃航空群がレーマーゲン上空に投入され、常時、戦闘哨戒を実行した。地上でも、第九機甲師団の上部組織である第三軍団が、持てる高射機関砲部隊をかき集め、レーマーゲンに送り込んだ。九日までに、ルーデンドルフ橋周辺に陣地を構えた対空大隊は五個、砲数にして八十門で、濃密な対空火網を構成することが可能となった。

また、先に挙げた二個航空群は、橋頭堡拡大に抵抗するドイツ軍部隊の攻撃や、敵増援に対する航空阻止といった任務も遂行し、大きな成果を上げている。(9)

奇跡は起こらず

アメリカ軍が万全の邀撃《ようげき》態勢をととのえたのは無駄ではなかった。三月八日から九日にかけてのドイツ軍の反撃は微弱なものでしかなかったけれど、十日になって、最新鋭の駆逐戦車「猟虎《ヤークトティーガー》」や「猟豹《ヤークトパンター》」を装備した中隊を含む装甲部隊に支援された独第六七軍団が、本格的に橋頭堡に圧力をかけてきたのである。とはいえ、この軍団の戦力はそれまでの退却戦闘

レーマーゲンの戦闘における「エンジェマン任務部隊」の構成と指揮系統
（1945年3月7日）

連合国遠征軍最高司令部（ドワイト・D・アイゼンハワー元帥）
│
米第12軍集団（オマー・N・ブラッドレー中将）
└─第１軍──第３軍団
│
第９機甲師団
│
Ｂ戦闘団「エンジェマン任務部隊」（レナード・エンジェマン中佐）
第14戦車大隊Ａ中隊
第27機甲歩兵大隊Ａ中隊
第９機甲工兵大隊Ｂ中隊工兵小隊
第27機甲歩兵大隊Ｃ中隊
第27機甲歩兵大隊突撃砲小隊
第27機甲歩兵大隊迫撃砲小隊
第27機甲歩兵大隊本部分隊
第27機甲歩兵大隊Ｂ中隊
第14戦車大隊突撃砲小隊
第14戦車大隊本部分隊
第14戦車大隊Ｄ中隊

Steven J. Zaloga, *Remagen 1945,* p. 41より作成

ドイツ軍レーマーゲン守備隊の構成
（1945年3月7日）

レーマーゲン=クリップ国民突撃隊
第105療養中隊（傷病から回復したものの、療養を必要とする人員によって編成されている）
第12地域工兵連隊第12中隊
第971高射砲大隊第３中隊（20ミリ高射砲装備）
第715高射砲大隊第５中隊（37ミリ高射砲装備）

Steven J. Zaloga, *Remagen 1945,* Oxford/New York, 2006, p. 47より作成

で減衰《げんすい》していたから、さほどの成果は上げられなかった。

　しかし、ドイツ軍はなお、ありとあらゆる手段を用いて、ルーデンドルフ橋の破壊を試みた。大小の火砲、迫撃砲が動員され、橋を狙い撃ちしたが、そのなかには口径五十四センチの超重砲「カール」自走臼砲《きゅうほう》も含まれていた。橋脚に当たることを期待し、浮遊機雷や機雷を仕込んだボートを流すというようなことも行なわれた。空軍も、最新鋭のアラドAr－２３４ジェット

爆撃機(10)から旧式化したユンカースJu－87までも動員し、三月八日から十二日にかけて、連日ルーデンドルフ橋を狙った空襲を繰り返したのだ。

さらに、ドイツ軍は「驚異の兵器《ヴンダーヴァッフェ》」と称されていた虎の子までも投入する。三月十四日、ヒトラー総統は、V2号ロケットを使用して、レーマーゲンの橋を落とせと命令したのである。この命《めい》を受けて、親衛隊第五〇〇ロケット大隊は十七日に、ルーデンドルフ橋を狙うV2攻撃を実行した。こうして放たれたV2号ロケットのうち一発は至近弾となり、橋を揺るがす大爆発を引き起こしたといわれる。

また、イタリア製の潜水服を着用した特殊部隊による爆破の試みもなされた。夜陰《やいん》に乗じて、水中からルーデンドルフ橋に忍び寄り、橋脚の水面下の部分に爆薬を仕掛けるという計画だ。ただし、彼らが作戦を実行する前にルーデンドルフ橋が崩落したため、目標は米軍があらたに架けた舟橋に変更された（この特殊部隊は米軍の探照灯によって発見され、全員が戦死、または捕虜となっている）。

けれども、こうした努力も空しかった。「驚異の兵器」も奇跡を起こすことはできなかったのである。

充分ふくらんだ橋頭堡は、ドイツの中枢部に向かってはじけた。三月十九日、アイゼンハワーは第一軍に対して、ジョージ・S・パットン中将率いる米第三軍がライン渡河を終えたのち、これと協同して攻勢を発動する準備をととのえるように命じる。三月二十三日には、北方で

占領された直後のルーデンドルフ橋

「プランダー」作戦が発動され、難なく成功した。以後、ほとんどすべての正面にわたって連合軍の快進撃が続く。ドイツ軍西部戦線は崩壊したのだ。

もっとも、このドイツ進攻の突破口となったルーデンドルフ橋は、先述のように三月十七日、ライン川に崩落した。その際、米軍工兵三十二名が巻き添えになって死亡し、ほか六十三名が負傷している。この事故について、ルーデンドルフ橋は祖国ドイツに敵をみちびく通路となったことを恥じて、自ら崩れ去ったのだという伝説を語る向きもあるが、それは過剰なロマンティシズムというものであろう。実際には、橋は爆破の試みや砲爆撃によって、危険なほどに損傷しており、事故当日も通行止めにして修理作業が進められていたのである。

現在、ルーデンドルフ橋のなごりは、両岸に残った橋脚とその上に建てられていた橋塔のみとなっている。

結語

一九四五年三月九日、ヒトラーは「西方移動軍事裁判所」（第二次世界大戦末期に設置された、戦線後背部を巡回し、即決で裁きを下す機関）に命じ、ルーデンドルフ橋失陥《しっかん》に責任があるとされた将校五名を軍法会議にかけさせた。彼らは「怯懦《きょうだ》」と「軍人服務義務違反」で死刑を宣告され、うち四名は即刻銃殺された。そのなかには、ヨハン・シェラー少佐も含まれていた。(11)典型的な「生け贄の羊《スケープゴート》」への責任転嫁であったけれども、反面、こうした不法は、ドイツ軍にとってレーマーゲンの敗北がいかに致命的かつ衝撃的であったかを明示しているともいえよう。

このアメリカ軍の成功は、一見僥倖《ぎょうこう》のたまものであるかにみえるが、もちろんそうではない。マネジメント重視で育てられた米軍将校のなかにも、臨機応変の指揮という要素は残されており、それが予想外の勝利をもたらしたのである。レーマーゲンの第九機甲師団B戦闘団は、米軍のドクトリンとは裏腹に、詭動《マヌーヴァー》の重要性を証明したのであった。

註

（1）このRemagenという地名については、「レマゲン」、「レイマーゲン」、「レマーゲン」など、さまざまな表記がされてきたが、いずれも日本語の慣用としては定着していないものと判断し、本章ではドイツ語発音にもとづく「レーマーゲン」を採用した。
　ここに架かる橋の正式名称は「ルーデンドルフ橋」であるが、レーマーゲンと対岸のエルペルを結んでいたため、「レーマーゲン鉄橋」とも称されていた。

（2）本文末尾に記したように、ルーデンドルフ橋は、レーマーゲンの戦闘後に崩落し、今日では、その姿を実見することは不可能だ。だが、東京《とうきょう》の永代《えいたい》橋《ばし》は、実は関東大震災後にルーデンドルフ橋を模してつくられたものであるため、隅田川《すみだがわ》のほとりに同橋の面影《おもかげ》を追うことができるという不思議な縁《えにし》となっている。
　なお同橋は、第一次世界大戦中の一九一八年五月、当時の参謀次長エーリヒ・ルーデンドルフ歩兵大将にちなんで命名された。

（3）一九四四年九月二十五日付の総統命令により、十六歳から六十歳までの戦闘可能な男子（兵役に就いた経験があって、招集可能な者を除く）を集めて編成された、ドイツ本国の郷土防衛を任務とする部隊。多くは装備劣弱で充分な訓練も受けられないまま、戦線に投入された。

（4）ライン川は男性名詞であることから（der Rhein）、しばしばこのように称される。また、その語源をたどっていくと、印欧祖語《いんおうそご》の川を意味する言葉にたどりつくとの説が有力である。つまり、der Rhein は the river ということになり、ドイツ人にとってのライン川のイメージがいかなるものかを伝えているといえよう。

（5）英第二一軍集団は、英第二軍、米第九軍、カナダ第一軍を指揮下に置いていたが、「プランダー」作戦には、前二者が使用された。

（6）イギリス第六空挺師団とアメリカ第一七空挺師団が投入された。

（7）現場部隊も、ライン川の橋を奇襲、もしくは急襲によって奪取すべく、さまざまな手立てを講じていた。たとえば、第一軍の北に位置する米第九軍の正面では、同軍麾下の第八三歩兵師団が詭計《きけい》を用いている。この師団に属する将兵から、ドイツ語を話せる者を集め、鹵獲《ろかく》したドイツ軍の軍服を着用させて、橋梁奪取部隊を編合したのだ。使用する車輛も、ドイツ軍のそれに見えるように偽装された。

一九四五年三月二日、この部隊はライン河畔《かはん》の大都市デュッセルドルフ近郊に架かる橋を奪取せんとしたが、ドイツ軍の警戒線にぶつかり、目標の橋は、米軍戦車が接近したそのときに爆破されてしまった（ケン・ヘクラー『レイマーゲン鉄橋』）。

アルデンヌ攻勢時に、鹵獲した米軍の軍服や車輛などを装備して、敵戦線後方に進出、混乱をまきおこすことを企図《きと》したドイツ軍特殊部隊と同様の発想といえる。ただし、これは戦時国際法違反で、当該部隊の戦闘員が捕らえられた場合にも、捕虜としての待遇は得られなくなる。

（8）米軍の車輛や軍服に用いられている褐色がかった緑色のこと。

（9）Air interdiction. 後方連絡線上にいる敵部隊や輸送手段を攻撃し、撃破、もしくは、その行動を妨害する作戦・戦術。

（10）Ar－２３４が実戦に投入されたのは、このレーマーゲン攻撃が最初だったとする説があるが、実際には、ノルマンディの連合軍上陸戦区の偵察や、アルデンヌ攻勢での対地支援に参加している。

（11）戦後、シェラーの妻は、「移動軍事裁判所」は不法な組織であるとして、夫の名誉回復を求めた。その願いはかなえられ、一九六七年の再審を経て、シェラー少佐は無罪とされた。

同様に、ヴィルヘルム・ブラートゲ大尉も死刑を宣告されたが、彼は銃殺をまぬがれた。すでに米軍の捕虜になっていたからである。

主要参考文献

＊紙幅の制限があるため、直接、参照・引用した文献のみを掲げるに留める。

全般

・秦郁彦編『日本陸海軍総合事典［第2版］』、東京大学出版会、二〇〇五年。
・Churchill, Winston S., *The Second World War*, 6 vols., paperback-edition, Boston, MA., 1985. ウインストン・チャーチル『第二次大戦回顧録』、毎日新聞社翻訳委員会訳、全二十四巻、毎日新聞社、一九四九〜五五年。二〇二三年から、伏見威蕃による新訳版が、みすず書房より刊行中。
・Dear, I. C. B./ Foot, M.R.D., *The Oxford Companion to World War II*, Oxford et al., 1995.
・Hubatsch, Walther (Hrsg.), *Hitlers Weisungen für die Kriegführung 1939-1945. Dokumente des Oberkommandos der Wehrmacht*, Taschenbuchausgabe, München. 英訳版 Hugh Trevor-Roper (Ed.), *Hitler's War Directives 1939-1945*, London, 1966からの邦訳がある（ヒュー・R・トレヴァー＝ローパー編『ヒトラーの作戦指令書——電撃戦の恐怖』、滝川義人訳、東洋書林、二〇〇〇年）。

ドクトリンなき「電撃戦」——ドイツの西方侵攻（一九四〇年五月－六月）

・大木毅『戦車将軍グデーリアン 「電撃戦」を演出した男』、角川新書、二〇二〇年。
・同『灰緑色の戦史 ドイツ国防軍の興亡』、作品社、二〇一七年。
・栗栖弘臣『マジノ線物語——フランス興亡１００年』、K&Kプレス、二〇〇一年。
・参謀本部訳編『一九三六年発布仏軍大単位部隊戦術的用法教令』、干城堂、一九三九年。
・ドイツ国防軍陸軍統帥部／陸軍総司令部編纂『軍隊指揮——ドイツ国防軍戦闘教範』、旧日本陸軍／陸軍

大学校訳、大木毅監修・解説、作品社、二〇一八年。
・シャルル・ド・ゴール『剣の刃』、小野繁訳、葦書房、一九九三年。
・同　『職業軍の建設を！』、小野繁訳、不知火書房、一九九七年。
・Adamthwaite, Anthony, *France and the Coming of the Second World War 1936-1939*, London et al., 1977.
・Frieser, Karl-Heinz, *Blitzkrieg-Legende. Der Westfeldzug 1940*, München, 1995. カール＝ハインツ・フリーザー『電撃戦という幻』、大木毅／安藤公一訳、上下巻、中央公論新社、二〇〇三年。
・Higham, Robin, *Two Roads to War. The French and British Air Arms from Versailles to Dunkirk*, Annapolis, MD., 2012.
・Horne, Alistair, *To Lose a Battle. France 1940*, London et al., 1969.
・Maiolo, Joseph, *Cry Havoc. How the Arms Race Drove the World to War, 1931-1941*, New York, 2010.
・May, Ernest R., *Strange Victory. Hitler's Conquest of France*, London/New York, 2000.
・Roman Töppels Manuskript, Heinz Guderian – Schöpfer der deutschen Panzerwaffe?　テッペル氏のご厚意により、公表前の草稿を閲覧できた。記して感謝申し上げる。

見果てぬ夢の終わり——英本土上陸作戦（一九四〇年九月？）

・Curry, John / Griffith Paddy, *Paddy Griffith's Wargaming Operation Sealion. The Game that launched Academic Wargaming*, n.p., 2031.
・Cox, Richard (ed.), *Operation Sea Lion*, San Rafael/ California, 1977. リチャード・コックス『幻の英本土上陸作戦』、土屋哲朗／光藤亘訳、朝日ソノラマ、一九八七年。
・Forczyk, Robert, *We March Against England. Operation Sea Lion, 1940–41*, Oxford, 2016.

・Gemzell, Carl-Axel, *Hitler und Skandinavien. Der Kampf für einen maritimen Operationsplan*, Lund, 1965.
・Griffith, Paddy, edited by John Curry, *Paddy Griffith's Sprawling Wargames. Multiplayer Wargaming*, n.p., 2022.
・Hewitt, Geoff, *Hitler's Armada. The German Invasion Plan, and the Defence of Great Britain by the Royal Navy, April – October 1940*, Barnsley, 2008.
・Kieser, Egbert, *Unternehmen Seelöwe. Die geplante Invasion in England 1940*, Esslingen/München, 1987.
・Klee, Karl, *Das Unternehmen "Seelöwe". Die geplante deutsche Landung in England 1940*, Göttingen, 1958.
・Klee, Karl (Hrsg.), *Dokumente zum Unternehmen "Seelöwe". Die geplante deutsche Landung in England 1940*, Göttingen, 1959.
・Macksey, Kenneth, *Invasion. The Alternate History of the German Invasion of England. July 1940*, paperback-edition, London / Mechanicsburg, PA., 1990.

砂漠機動戦の序幕——英伊軍の激突（一九四〇年九月–四一年二月）

・石田憲『地中海新ローマ帝国への道　ファシスト・イタリアの対外政策　1935—39』、東京大学出版会、一九九四年。
・大木毅「ある不幸な軍隊の物語」、大木毅『ドイツ軍事史——その虚像と実像』、作品社、二〇一六年。
・Battistelli, Pier Paolo, *Mussolini's Army at War. Regio Esercito. Regio Esercito- Commands and Divisions*, Milano, 2021.
・Cloutier, Patrick, *Regio Esercito. The Italian Royal Army in Mussolini's Wars 1935-1943*, on demand edition, Las Vegas, NV., 2019.
・Gooch, John, *Mussolini's War. Fascist Italy from Triumph to Collapse, 1935-1943*, London/New York, 2020.
・Long, Gavin, *Australia in the War of 1939-1945. series1, Army, vol.1. To Benghazi*, Canberra, 1952.

・Pitt, Barrie, *The Crucible of War. Western Desert 1941*, London, 1980.
・Playfair, Ian Stanley Ord et al., *The Mediterranean and Middle East. History of the Second World War*, Vol. I, London, 1954.
・Macksey, Kenneth, *Beda Fomm*, New York, 1971.
・Ready, J. Lee, *Avanti! Mussolini and the Wars of Italy*, Middletown, DE., 2012.
・Riccio, Ralph / Afiero, Massimiliano, *'Luck Was Lacking, But Valor Was Not'. The Italian Army in North Africa, 1940-43*, Warwick, 2022.
・Walker, Ian W., *Iron Hulls Iron Hearts. Mussolini's Elite Armoured Division in North Africa*, paperback-edition, Ramsbury, 2006.

無用の出費――クレタ島の戦い（一九四一年五月－六月）

・Bekker, Cajus, *Angriffshöhe 4000. Ein Kriegstagebuch der deutschen Luftwaffe*, Stuttgart / Hamburg, 1964. カーユス・ベッカー『攻撃高度４０００　ドイツ空軍戦闘記録』、松谷健二訳、フジ出版社、一九七四年。
・Beevor, Antony, *Crete. The Battle and the Resistance*, paperback edition, London, 2005.
・Farrar-Hockley, Anthony H., *Student*, New York, NY., 1973.
・Long, Gavin, *Australia in the War of 1939-1945. Greece, Crete and Syria*, Canberra, 1953.
・MacDonald, Charles, *Airborne*, New York, 1970. チャールス・マクドナルド『空挺作戦　縦横無尽の奇襲部隊』、板井文也訳、サンケイ新聞社出版局、一九七二年。
・Militärgeschichtliches Forschungsamt, *Das deutsche Reich und der Zweite Weltkrieg*, Bd. 3, Stuttgart, 1984.
・Playfair, Ian Stanley Ord et al., *The Mediterranean and Middle East. History of the Second World War*, Vol. II,

London, 1956.
・Roth, Günther, *Die deutsche Fallschirmtruppe 1936-1945. Der Oberbefehlshaber Generaloberst Kurt Student. Strategischer, operativer Kopf oder Kriegshandwerker und das soldatische Ethos*, Berlin et al., 2010.

幻想の「重点」――「バルバロッサ」作戦（一九四一年六月‐十二月）

・大木毅『独ソ戦　絶滅戦争の惨禍』、岩波新書、二〇一九年。
・前掲『戦車将軍グデーリアン』。
・河西陽平『スターリンの極東戦略　1941―1950　インテリジェンスと安全保障認識』、慶應義塾大学出版会、二〇二二年。
・バリー・リーチ『独軍ソ連侵攻』、岡本雷輔訳、原書房、一九八一年。
・三宅正樹『ヒトラーと第二次世界大戦』、新訂版、清水書院、二〇一七年。
・Arbeitskreis für Wehrforschung Stuttgart, *Generaloberst Halder Kriegstagebuch*, 3 Bde., Stuttgart, 1962-1964.
・Creveld, Martin van, *Supplying War. Logistics From Wallenstein to Patton*, Cambridge, 1977. マーチン・ファン・クレフェルト『補給戦』、佐藤佐三郎訳、中公文庫、二〇〇六年。
・Guderian, Heinz, *Erinnerungen eines Soldaten*, Motorbuch Verlag-Ausgabe, Bonn, 1998. ハインツ・グデーリアン『電撃戦　グデーリアン回想録』、本郷健訳、上下巻、中央公論新社、一九九九年。
・Hillgruber, Andreas, *Hitlers Strargie*, 2.Aufl., München, 1982.
・Militärgeschichtliches Forschungsamt, *Das deutsche Reich und der Zweite Weltkrieg*, Bd.4, 2. Aufl.,Stuttgart,1983.
・Stahel, David, *Operation Barbarossa and Germany's Defeat in the East*, Cambridge 2009.

戦略的失敗だったのか？――真珠湾攻撃（一九四一年十二月八日）

・大分県立先哲史料館編『大分県先哲叢書　堀悌吉資料集』、全三巻、大分県教育委員会、二〇〇六～二〇一七年。
・大木毅『「太平洋の巨鷲」山本五十六　用兵思想からみた真価』、角川新書、二〇二一年。
・福留繁『史観・真珠湾攻撃』、自由アジア社、一九五五年。
・防衛庁防衛研修所戦史室『戦史叢書　ハワイ作戦』、朝雲新聞社、一九六七年。
・ゴードン・W・プランゲ『トラ　トラ　トラ　太平洋戦争はこうして始まった』、千早正隆訳、日本リーダーズ　ダイジェスト社、一九七〇年。
・Hiroyuki, Agawa, *The Reluctant Admiral. Yamamoto and the Imperial Navy*, paperback-edition, Tokyo, 1979.
・Holmes, W. J., *Double-Edged Secrets. U.S. Naval Intelligence Operations in the Pacific during World War II*, Annapolis, MD., 1979.
・Morison, Samuel Eliot, *History of United States Naval Operations in World War II*, Vol. III, *The Rising Sun in the Pacific: 1931–April 1942*, reprint-ed., Edison, NJ., 2001. サミュエル・E・エリオット・モリソン『太平洋戦争アメリカ海軍作戦史第三巻　太平洋の旭日　１９３１年～１９４２年４月』、中野五郎訳、上下巻、改造社、一九五〇年。
・Prange, Gordon W., *At Dawn We Slept. The Untold Story of Pearl Harbor*, New York et al., 1981. ゴードン・W・プランゲ『真珠湾は眠っていたか』、土門周平／高橋久志訳、全三巻、講談社、一九八六～一九八七年。
・Stephan, John J., *Hawaii under the Rising Sun. Japan's Plans for Conquest After Pearl Harbor*, Honolulu, 1984. ジョン・J・ステファン『日本国ハワイ　知られざる「真珠湾」裏面史』、竹林卓監訳、恒文社、一九八四年。

・H.P. Willmot, H.P., with Tohmatsu Haruo and W. Spencer Johnson, *Pearl Harbor*, London, 2001.

勝つべくして勝つ――第二次エル・アラメイン会戦（一九四二年十月－十一月）

・大木毅『「砂漠の狐」ロンメル　ヒトラーの将軍の栄光と悲惨』、角川新書、二〇一九年。
・Bender, Roger James/ Law, Richard D., *Uniforms, Organization and History of the Afrikakorps*, San Jose, CA., 1973.
・Green, Jack/ Massignani, Alessandro, *Rommel's North Afrika Campaign. September 1940-November 1942*, Conshohocken, PA, 1994.
・Lieb, Peter, *Krieg in Nordafrika 1940-1943*, Ditzingen, 2018.
・Militärgeschichtliches Forschungsamt, *Das deutsche Reich und der Zweite Weltkrieg*, Bd. 6, Stuttgart, 1990.
・Montgomery, Bernard Law, *The Memoirs of Field-Marshal the Viscount Montgomery of Alamein, K.G.*, Cleaveland/ New York, 1958. B・L・モントゴメリー『モントゴメリー回想録』、高橋光夫／船坂弘訳、読売新聞社、一九七一年。
・Ditto, *El Alamein to the River Sangro/ Normandy to the Baltic*, London, 1973.
・Playfair, Ian Stanley Ord et al., *The Mediterranean and Middle East. History of the Second World War*, Vol. IV, London, 1966.
・Rommel, Erwin, herausgegeben von Lucie-Maria Rommel und Fritz Bayerlein, *Krieg ohne Hass*, 2.Aufl., Heidenheim, 1950. エルヴィン・ロンメル『「砂漠の狐」回想録――アフリカ戦線１９４１～４３』、大木毅訳、作品社、二〇一七年。
・Querengässer, Alexander, *El Alamein 1942. Materialschlacht in Nordafrika*, Paderborn, 2019.

「物語」の退場――クルスク会戦(一九四三年七月–八月)

・デニス・ショウォルター『クルスクの戦い１９４３　独ソ「史上最大の戦車戦」の実相』、松本幸重訳、白水社、二〇一五年。

・Glantz, David M. / House, Jonathan M., *The Battle of Kursk*, Lawrence, Kans., 1999.

・Glantz, David M. (ed.) / Orenstein, Harold S. (trans.), *The Battle for Kursk 1943. The Soviet General Staff Study*, London, 1999.

・Harrison, Richard W., *The Russian Way of War. Operational Art, 1904-1940*, Lawrence, Kans., 2001.

・Klink, Ernst, *Das Gesetz des Handelns. Die Operation "Zitadelle", 1943*, Stuttgart, 1966.

・Manstein, Erich von, *Verlorene Siege*, Bernard & Graefe Verlag - Ausgabe., Bonn, 1998. エーリヒ・フォン・マンシュタイン『失われた勝利』、本郷健訳、上下巻、中央公論新社、一九九九～二〇〇〇年。

・Melvin, Mungo, *Manstein. Hitler's Greatest General*, paperback-edition, London, 2011. マンゴウ・メルヴィン『ヒトラーの元帥　マンシュタイン』、大木毅訳、上下巻、白水社、二〇一六年。

・Militärgeschichtliches Forschungsamt, *Das deutsche Reich und der Zweite Weltkrieg*, Bd.8, München, 2007（ＤＲＺＷと略）.

・Newton, Steven H. (Ed.), *Kursk.The German View*, Cambridge, 2002.

・Töppel, Roman, Legendenbildung in der Geschichtsschreibung - Die Schlacht bei Kursk, in *Militärgeschichtliche Zeitschrift*, 61 (2002), H.2.

・Ditto. Kursk - Mythen und Wirklichkeit einer Schlacht, in *Vierteljahrshefte für Zeitgeschichte*, Jg.57 (2009), H.3.

・Ditto. *Kursk 1943. Die größte Schlacht des Zweiten Weltkriegs*, Paderborn, 2017. ローマン・テッペル『クルス

クの戦い　1943　第二次世界大戦最大の会戦』、大木毅訳、中央公論新社、二〇二〇年。
・Zettering, Niklas / Frankson, Anders, *Kursk 1943. A Statistical Analysis*, London / Portland,Or, 2000.

第二の「タンネンベルク会戦」とワルシャワ蜂起(一九四四年八月)

・梅本浩志／松本照男『ワルシャワ蜂起』、社会評論社、一九九一年。
・ヤン・ミェチスワフ・チェハノフスキ『ワルシャワ蜂起　1944』、梅本浩志訳、筑摩書房、一九八九年。
・ノーマン・デイヴィス『ワルシャワ蜂起　1944』、染谷徹訳、上下巻、白水社、二〇一二年。
・ギュンター・デシュナー『ワルシャワ反乱　見殺しのレジスタンス』、加藤俊平訳、サンケイ第二次世界大戦ブックス、一九七三年。
・吉岡潤『戦うポーランド――第二次世界大戦とポーランド』、東洋書店、二〇一四年。
・渡辺克義『カチンの森とワルシャワ蜂起　ポーランドの歴史の見直し』、岩波ブックレット、一九九一年。
・Bömelberg, Hans-Jürgen / Król, Eugeniusz Cezary / Thomae, Michael, *Der Warschauer Aufstand 1944. Ereignis und Wahrnehmung in Polen und Deutschland*, Paderborn et al., 2011.
・DRZW.

壮大な戦略と貧弱な手段――アルデンヌ攻勢(一九四四年十二月―四五年一月)

・Beevor, Antony *Ardennes 1944. The Battle of the Bulge*, paperback-edition, New York et al., 2015.
・Caddick-Adams, Peter, *Snow & Steel. The Battle of the Bulge, 1944-45*, Oxford et al., 2015.
・Cole, Hugh M., *The Ardennes: Battle of Bulge*, Washington, D.C., 1972.
・Toland, John, *Battle. The Story of the Bulge*, reprint-edition, Lincoln, NE. & London, 1999. ジョン・トーラン

ド『シリーズ〈人間と戦争〉3　バルジ大作戦』、向後英一訳、大木毅監訳、早川書房、二〇一一年。
・Dupuy, Trevor N., *Hitler's Last Gamble, The Battle of the Bulge, December 1944-January 1945*, paperback-edition, New York, 1995.
・Eisenhower, John S. D., *The Bitter Woods*, New York, 1969.
・MacDonald, Charles B., *A Time for Trumpets. The Untold Story of the Battle of the Bulge*, New York, 1985.
・Messenger, Charles, *Hitler's Gladiator. The Life and Wars of Panzer Army Commander Sepp Dietrich*, paperback-edition, Washington, D.C., 2001.
・Nobécourt, Jacques, *Hitler's Last Gamble. The Battle of Ardennes*, London, 1967.
・Schulz, Andreas / Wegmann, Günter / Zinke, Dieter. *Die Generale der Waffen-SS und der Polizei*, Bd.2, Bissendorf, 2005.

即興の勝利——レーマーゲン鉄橋攻防戦（一九四五年三月）

・Gückelhorn, Wolfgang, *7. März 1945. Das Wunder von Remagen*, Aachen, 2008.
・Hechler, Ken, *The Bridge at Remagen*, paperback-edition, New York, 2005. ケン・ヘクラー『レイマーゲン鉄橋』、宇都宮直賢訳、早川書房、一九六九年。
・MacDonald, Charles, *The Last Offensive*, Washington, D.C., 1972.
・Palm, Rolf, *Die Brücke von Remagen. Der Kampf um den Rheinübergang-ein dramatisches Stück Zeitgeschichte*, Bonn / München, 1985.
・Rawson, Andrew, *Remagen Bridge*, Barnsley, 2004.
・Reichelt, Walter E., *Phantom Nine: The 9th Armored (Remagen) Division, 1942-1945*, Austin, TX., 1987.

・Research and Evaluation Division, The Armored School, United States Army, *The Remagen Bridgehead, March 7–17* (https://apps.dtic.mil/dtic/tr/fulltext/u2/a951881.pdf, 最終アクセス二〇二二年七月四日).
・Zaloga, Steven J., *Remagen 1945. Endgame against the Third Reich*, Oxford / New York, 2006.

初出一覧

ドクトリンなき「電撃戦」――ドイツの西方侵攻
（一九四〇年五月―六月）
『小説ＮＯＮ』二〇二三年七月号

見果てぬ夢の終わり――英本土上陸作戦
（一九四〇年九月？）
『小説ＮＯＮ』二〇二三年五月号

砂漠機動戦の序幕――英伊軍の激突
（一九四〇年九月―四一年二月）
『小説ＮＯＮ』二〇二三年六月号

無用の出費――クレタ島の戦い
（一九四一年五月―六月）
『小説ＮＯＮ』二〇二三年四月号

幻想の「重点」――「バルバロッサ」作戦
（一九四一年六月―十二月）
『小説ＮＯＮ』二〇二三年八月号

戦略的失敗だったのか？――真珠湾攻撃
（一九四一年十二月八日）
『小説ＮＯＮ』二〇二三年一月号

勝つべくして勝つ――第二次エル・アラメイン会戦
（一九四二年十月―十一月）
『小説ＮＯＮ』二〇二二年十二月号

「物語」の退場――クルスク会戦
（一九四三年七月―八月）
『小説ＮＯＮ』二〇二三年二月号

第二の「タンネンベルク会戦」とワルシャワ蜂起
（一九四四年八月）
書き下ろし

壮大な戦略と貧弱な手段――アルデンヌ攻勢
（一九四四年十二月―四五年一月）
『小説ＮＯＮ』二〇二三年三月号

即興の勝利――レーマーゲン鉄橋攻防戦
（一九四五年三月）
『小説ＮＯＮ』二〇二三年九月号

ブックデザイン　坂野公一＋吉田友美
(welle design)
図版作成　篠　宏行
校　正　円水社
DTP　キャップス

［カバー写真（戦況図）］

装丁に使用した戦況図は、Arbeitskreis für Wehrforschung, *Generaloberst Halder Kriegstagebuch. Tägliche Aufzeichnungen des Chefs des Generalstabes des Heeres 1939-1942*, Bd. 1, Stuttgart, 1962, Lagekarte 3に拠った。

［著者紹介］

大木　毅（おおき・たけし）

現代史家。1961年、東京都生まれ。立教大学大学院博士後期課程単位取得退学。DAAD（ドイツ学術交流会）奨学生としてボン大学に留学。防衛省防衛研究所講師、陸上自衛隊幹部学校講師等を経て著述に専念。雑誌『歴史と人物』の編集に携わり、旧陸海軍の軍人を多数取材。『独ソ戦』（岩波新書）で「新書大賞2020」を受賞。著書に『ドイツ軍事史』『戦史の余白』（作品社）、『「砂漠の狐」ロンメル』『「太平洋の巨鷲」山本五十六』『歴史・戦史・現代史』（いずれも角川新書）、共著に『帝国軍人』（戸高一成氏との対談、角川新書）など多数。「赤城毅」名義で小説も数多く上梓している。

切りとり線

★読者のみなさまにお願い

この本をお読みになって、どんな感想をお持ちでしょうか。祥伝社のホームページから書評をお送りいただけたら、ありがたく存じます。今後の企画の参考にさせていただきます。また、次ページの原稿用紙を切り取り、左記編集部まで郵送していただいても結構です。

お寄せいただいた「100字書評」は、ご了解のうえ新聞・雑誌などを通じて紹介させていただくこともあります。採用の場合は、特製図書カードを差しあげます。

なお、ご記入いただいたお名前、ご住所、ご連絡先等は、書評紹介の事前了解、謝礼のお届け以外の目的で利用することはありません。また、それらの情報を6カ月を超えて保管することもありません。

〒101―8701（お手紙は郵便番号だけで届きます）
祥伝社　書籍出版部
電話03（3265）1084
祥伝社ブックレビュー　www.shodensha.co.jp/bookreview

◎本書の購買動機

＿＿＿＿新聞の広告を見て	＿＿＿＿＿誌の広告を見て	＿＿＿＿＿＿の書評を見て	＿＿＿＿＿＿のWebを見て	書店で見かけて	知人のすすめで

◎今後、新刊情報等のパソコンメール配信を　　希望する　・　しない

◎Eメールアドレス

@

100字書評

勝敗の構造

住所

名前

年齢

職業

勝敗《しょうはい》の構造《こうぞう》
——第《だい》二《に》次《じ》大戦《たいせん》を決《けつ》した用兵《ようへい》思想《しそう》の激突《げきとつ》

令和6年2月10日　初版第1刷発行

著　者　大《おお》木《き》　毅《たけし》
発行者　辻　浩明
発行所　祥《しょう》伝《でん》社《しゃ》
〒101-8701
東京都千代田区神田神保町3-3
☎03(3265)2081(販売部)
☎03(3265)1084(編集部)
☎03(3265)3622(業務部)

印　刷　萩原印刷
製　本　ナショナル製本

ISBN978-4-396-61813-1 C0020
祥伝社のホームページ・www.shodensha.co.jp